"十三五"职业院校数控设备应用与维护专业规划教材

数控机床电气控制系统安装与调试

主　编　李长军

副主编　林清大　赵衍栋（企业）

参　编　刘世东　牛司余　李文玉　马　刚

主　审　王成江

机械工业出版社

本书是高等职业教育数控设备应用与维护专业改革创新规划教材,是根据最新的教学标准,同时参考相应职业资格标准编写的。

本书共 3 章,11 个实训项目,内容包括数控机床电气控制系统基础、数控机床电气控制系统的安装与数控机床电气控制系统的调试。本书注意精选内容,结合实际,突出应用,在内容阐述上,力求简明扼要、图文并茂、通俗易懂,便于教学和自学,体现了现代职业教育的特色,注重综合能力的培养。

为便于教学,本书配套有电子教案、助教课件、教学视频等教学资源,选择本书作为教材的教师可来电(010-88379197)索取,或登录 www.cmpedu.com 网站,注册、免费下载。

本书可作为高等职业院校数控设备应用与维护专业的教材,也可作为数控机床安装与维修岗位培训教材及数控机床装调与维修竞赛项目的指导用书。

图书在版编目(CIP)数据

数控机床电气控制系统安装与调试/李长军主编. —北京:机械工业出版社,2017.8(2020.1重印)

"十三五"职业院校数控设备应用与维护专业规划教材

ISBN 978-7-111-57422-4

Ⅰ.①数… Ⅱ.①李… Ⅲ.①数控机床-电气控制系统-安装-高等职业教育-教材②数控机床-电气控制系统-调试方法-高等职业教育-教材 Ⅳ.①TG659

中国版本图书馆 CIP 数据核字(2017)第 167870 号

机械工业出版社(北京市百万庄大街 22 号 邮政编码 100037)
策划编辑:齐志刚 责任编辑:王 丹 齐志刚 张利萍
责任校对:杜雨霏 封面设计:张 静
责任印制:邹 敏
涿州市京南印刷厂印刷
2020 年 1 月第 1 版第 2 次印刷
184mm×260mm·10.75 印张·254 千字
标准书号:ISBN 978-7-111-57422-4
定价:29.00 元

编审委员会 （按姓氏拼音排序）

前　言

为贯彻《国务院关于大力发展职业教育的决定》精神，落实《教育部关于进一步深化中等职业教育教学改革的若干意见》中关于"加强职业教育教材建设，保证教学资源基本质量"的要求，确保新一轮职业院校教学改革顺利进行，全面提高教育教学质量，保证高质量教材进课堂，全国机械职业教育教学指导委员会、机械工业出版社于2015年11月在杭州召开了"职业院校数控设备应用与维护专业教材启动会"。在会上，来自全国该专业的骨干教师、企业专家研讨了新的职业教育形势下该专业的课程体系和内容。本书是根据会议精神，结合专业培养目标以及现阶段的教学实际编写的。

本书主要介绍数控机床电气安装与调试知识，包含数控机床电气控制系统基础、数控机床电气控制系统的安装与数控机床电气控制系统的调试3章。本书重点强调培养学生的综合职业能力，使学生认识到职业技能和职业素质的重要性，从而成为高素质的劳动者。本书编写模式新颖，重点突出学生为主、教师为辅的特色，编写过程中力求体现理实一体化的教学特色。

本书在内容处理上主要有以下几点说明。

1. 本课程的教学应以理论与实践一体为主，理论教学以技能培训为宗旨，在教学环节中应注意培养学生的动手能力及分析问题和解决问题的能力。

2. 教学中，任课教师应根据本学校及学生的具体情况有的放矢地进行教学。为达到本课程的教学要求，应保证实训教学的时间。

3. 教学实施过程中要特别强调安全文明生产的重要性，如工具的使用一定要规范。

4. 一定要注意教学过程的完整性，如分组-操作-课件制作展示-评价环节应完整。

5. 本书建议学时为80学时，学时分配建议见下表。

学时分配表

章　　节	名　　称	学　　时
第一章	数控机床电气控制系统基础	16
第一节	数控机床概述	2
实训项目一	认识数控机床	2
第二节	数控机床编程基础	2
第三节	数控车床（FANUC 0i Mate-TD系统）基本操作与编程	4
实训项目二	数控车床的基本操作与编程	6
第二章	数控机床电气控制系统的安装	38

章　节	名　称	学　时
第一节	数控装置	2
实训项目三	认识 FANUC 0i Mate-TD 数控装置及接口定义	4
第二节	交流进给伺服系统	2
实训项目四	交流伺服进给驱动装置的安装与接线	6
第三节	主轴驱动系统	2
实训项目五	通用变频主轴驱动装置的安装与接线	6
第四节	位置检测装置	2
第五节	自动换刀装置	2
实训项目六	刀架控制装置的安装与接线	4
第六节	冷却与润滑控制系统	2
实训项目七	冷却泵与润滑系统的安装与接线	4
第七节	数控机床抗干扰技术	2
第三章	数控机床电气控制系统的调试	26
第一节	数控系统基本参数与数据备份	2
实训项目八	数控系统的参数设置与备份	4
第二节	数控系统进给伺服参数	2
实训项目九	数控系统轴参数设置与调试	4
第三节	数控系统模拟主轴调试	2
实训项目十	数控系统模拟变频主轴参数设置与调试	4
第四节	数控机床 PLC 基础	4
实训项目十一	数控机床 PLC 画面操作与调试	4
总学时		80

　　本书由临沂技师学院李长军任主编，临沂技师学院林清大、沃尔沃汽车公司临沂分公司赵衍栋任副主编，参与编写的还有临沂职业学院刘世东、牛司余，山东省民族中等专业学校马刚、李文玉。本书经全国职业教育教材审定委员会审定，由鲁南技师学院王成江担任主审。教育部评审专家、主审专家在评审及审稿过程中对本书内容及体系提出了很多中肯及宝贵的建议，在此对他们表示衷心的感谢！

　　编写过程中，参阅了国内出版的有关教材和资料，得到了邓三鹏教授的有益指导，在此一并表示衷心感谢！

　　由于编者水平有限，书中不妥之处在所难免，恳请读者批评指正。

编　者

目 录

数控机床电气控制系统基础

数控机床是采用数字控制技术的机床，它是一种技术密集度和自动化程度都很高的机电一体化加工设备，能实现机械加工的高速度、高精度和高度自动化，目前广泛应用于制造业的各个领域。数控机床的技术先进、结构复杂、智能化程度高，对安装与调试人员的理论知识和专业技术要求也很高。因此，为了使读者更好地掌握数控机床电气控制系统的安装与调试技术，本章从电气角度来介绍数控机床，具体介绍数控机床的结构和电气控制系统的组成及电器元器件。

第一节　数控机床概述

一、数控机床的概念

数控机床用数字化信号控制机床的运动及其加工过程。国际信息处理联合会对数控机床的定义是：数控机床（Numerical Control Machine）是一台装有程序控制系统的机床，该系统能够逻辑地处理使用号码或其他符号编码指令规定的程序并将其译码，从而使机床动作并加工零件。定义中的程序控制系统即为数控系统。

现代数控系统利用计算机控制加工功能，实现数字控制，并通过接口与外围设备进行连接，这种系统称为计算机数控（Computer Numerical Control，CNC）系统。具有 CNC 系统的机床称为 CNC 机床，人们提及的数控机床，一般都是指 CNC 机床。

常见的数控机床有数控钻床（见图 1-1）、数控车床（见图 1-2）、数控铣床（见图 1-3）

图 1-1　数控钻床

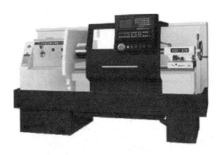

图 1-2　数控车床

1

和数控加工中心（见图1-4）等。

图1-3　数控铣床

图1-4　立式数控加工中心

二、数控机床的工作原理

数控机床加工零件时，根据零件图样要求及加工工艺，将所用刀具、刀具运动轨迹与速度、主轴转速与旋转方向、冷却等辅助操作以及相互间的先后顺序，以规定的数控代码形式编制成程序，并输入数控装置中，在数控装置内部控制软件的支持下，经过处理、计算后，向机床伺服系统及辅助装置发出指令，驱动机床各运动部件及辅助装置进行有序的动作与操作，实现刀具与工件的相对运动，加工出所要求的零件，如图1-5所示。

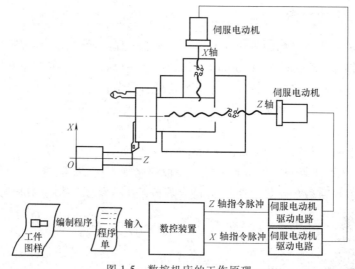
图1-5　数控机床的工作原理

三、数控机床电气控制系统的组成

数控机床电气控制系统一般由输入/输出装置、数控装置（或称CNC单元）、可编程序控制器（PLC）、主轴驱动系统、进给伺服系统、强电控制电路、辅助装置和位置检测装置等组成，如图1-6所示。

1. 输入/输出装置

输入/输出装置是数控装置与外部设备进行数据或信息交换的装置。输入装置的作用是

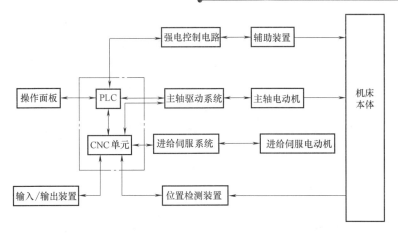

a) 组成框图

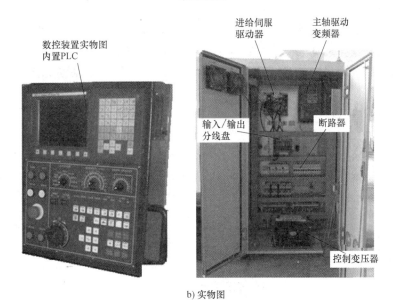

b) 实物图

图 1-6　数控机床电气控制系统的组成

将程序载体上的数控代码变成相应的电脉冲信号，传送并存入数控装置内。目前，数控机床的输入装置有键盘、磁盘驱动器、光电阅读机等。输出装置的作用是通过显示器为操作人员提供必要的信息，显示的信息可以是正在编写的程序、坐标值，以及报警信号等。目前，输出装置主要是液晶显示器。

2. 数控装置（CNC 单元）

数控装置是数控机床电气控制系统的核心，由硬件和软件两部分组成。它能够自动地对输入的加工程序进行解码、运算和逻辑处理，并将数控加工程序信息按两类控制量分别输出：一类是连续控制量，送往伺服系统；另一类是离散的开关控制量，送往机床强电控制电路，从而协调控制机床各部分的运动，完成数控机床所有运动的控制，实现数控机床的加工过程。

3. 主轴驱动系统

主轴驱动系统由主轴电动机（包括速度检测元件）和主轴伺服驱动装置组成。主轴驱动系统接收来自数控装置的驱动指令，经过速度与转矩（功率）调节输出驱动信号驱动主轴电动机转动，同时接收速度反馈信号，实施速度闭环控制，实现对主轴转速的调节。

4. 进给伺服系统

进给伺服系统由进给伺服电动机（一般内装速度和位置检测元件）和进给伺服驱动装置组成。进给伺服系统接收来自数控装置的速度指令，经过速度与电流（转矩）调节输出驱动信号驱动伺服电动机转动，同时接收速度反馈信号，实施速度闭环控制，实现机床坐标轴运动。

5. 可编程序控制器（PLC）

PLC 是机床各项功能的逻辑控制中心。它对来自数控装置的各种运动及功能指令进行逻辑排序，使它们能够准确、协调有序地安全运行；同时将来自机床的各种信息及工作状态传送给数控装置，使数控装置能及时准确地发出进一步的控制指令，实现对整台机床的控制。

6. 强电控制电路

随着 PLC 功能的不断强大，机床中传统的继电器逻辑电路已经很少存在。现在机床强电控制电路的主要任务是对电源的控制以及与 PLC 联合控制，把 PLC 输出的辅助控制指令转变成强电信号，以实现对润滑、冷却、气动、液压、排屑和主轴换刀等辅助装置的逻辑控制。

7. 位置检测装置

位置检测装置将数控机床各坐标轴的实际位移量、速度等参数检测出来，转变成电信号反馈给数控装置，通过把反馈回来的实际位移量与设定值进行比较，由数控装置发出比较的差值去控制驱动装置，使各坐标轴按照指令值移动，从而实现对位置的精确控制。常用的位置检测元件有光栅、光电编码器、感应同步器、旋转变压器和磁栅尺等，现代机床多采用光电编码器（见图 1-7）和光栅尺（见图 1-8）作为位置检测元件。一般伺服电动机内部都装有编码器并和进给电动机同轴装在一起，构成了伺服电动机，如图 1-9 所示。

图 1-7 光电编码器

图 1-8 光栅尺

图 1-9 伺服电动机（内装编码器）

以上所述是数控机床电气控制系统的组成，但还需认识一下数控机床的本体。数控机床本体与传统机床相似，由机床床身、主轴传动装置、进给机构、冷却与润滑装置、交换工作台和排屑装置等组成。但数控机床在整体布局、外观造型、传动系统、刀具系统的结构与操作机构等方面都有很大的改变，可满足数控机床的要求和加工精度，充分发挥了数控机床的特点。

图 1-10 所示是 CAK3665nj 数控车床，其机

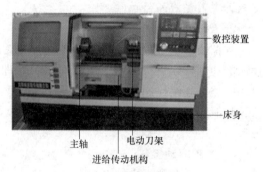
图 1-10 CAK3665nj 数控车床

械部分由床身、主轴传动机构、进给传动机构、换刀装置（电动刀架）、尾座、冷却系统和润滑系统等组成。其机床的运动形式及控制要求见表1-1。

表 1-1　CAK3665nj 数控车床机床运动形式及控制要求

序号	运动种类	运动形式	控制要求
1	主运动	主轴通过卡盘带动工件的旋转运动	1. 采用变频调速器控制主轴电动机手动或自动正反转运行 2. 变频器与机械变速相配合可实现三档无级调速 3. 车削螺纹由主轴光电编码器与交流伺服电动机配合实现
2	X 轴进给运动	带动滑板实现 X 轴的横向进给	采用交流伺服电动机带动滚珠丝杠,由数控系统控制两轴联动,可实现手动或自动进给运行
3	Z 轴进给运动	带动床鞍实现 Z 轴的纵向进给	
4	刀架换刀运动	刀架的回转运动选刀	由三相异步电动机带动换刀装置,由数控系统控制刀具的手动或自动选刀
5	辅助运动	工件加工过程的冷却	冷却电动机可实现手动或自动的单方向运转
		机床润滑	集中润滑泵对导轨进行自动间歇润滑

四、数控机床的特点

数控机床是实现柔性自动化的重要设备。与普通机床相比，数控机床具有如下特点。

1. 适应性强

数控机床在更换产品（生产对象）时，只需要改变数控装置内的加工程序、调整有关的数据，就能满足新产品的生产需要，无需改变机械部分和控制部分的硬件。这一特点不仅可以满足当前产品更新更快的市场竞争需要，而且较好地解决了单件、中小批量和多变产品的加工问题。适应性强是数控机床最突出的优点，也是数控机床得以产生和迅速发展的主要原因。

2. 加工精度高

数控机床本身的精度都比较高，中小型数控机床的定位精度可达 0.005mm，重复定位精度可达 0.002mm，而且还可利用软件进行精度校正和补偿，因此可以获得比机床本身精度还要高的加工精度和重复定位精度。加之数控机床是按预定程序自动工作的，加工过程不需要人工干预，工件的加工精度全部由机床保证，消除了操作者的人为误差，因此加工出来的工件精度高、尺寸一致性好、质量稳定。

3. 生产效率高

数控机床具有良好的结构特性，可进行大切削用量的强力切削，有效节省了基本作业时间，还具有自动变速、自动换刀和其他辅助操作自动化等功能，使辅助作业时间大为缩短，所以一般比普通机床的生产效率高。

4. 自动化程度高，劳动强度低

数控机床的工作是按预先编制好的加工程序自动连续完成的，操作者除了输入加工程序或操作键盘、装卸工件、进行关键工序的中间检测以及观察机床运行之外，不需要进行繁杂的重复性手工操作,劳动强度与紧张程度均可大为减轻,加上数控机床一般都具有较好的安全防护、自动排屑、自动冷却和自动润滑装置,操作者的劳动条件也大为改善。

五、数控机床的分类

数控机床的种类很多,通常按下面几种方法进行分类。

1. 按加工路线分类

数控机床按其进刀与工件相对运动方式,可以分为点位控制数控机床、直线控制数控机床和轮廓控制数控机床。

(1) 点位控制数控机床   点位控制方式就是刀具相对于工件移动过程中不进行切削加工,对运动轨迹没有严格要求的控制方式。它只要实现从一点坐标位置到另一点坐标位置的准确移动,而不考虑两点之间的运动路径和方向,如图1-11所示。这种控制方式多应用于数控钻床、数控压力机、数控坐标镗床和数控点焊机等。

(2) 直线控制数控机床   直线控制方式就是刀具与工件相对运动时,除控制从起点到终点的准确定位外,还要保证平行于坐标轴方向的直线切削运动,如图1-12所示。由于此方式只做平行于坐标轴方向的直线进给运动,因此一般只能加工矩形、台阶形零件。其运动时的速度是可以控制的,对于不同的刀具和工件,可以选择不同的切削用量。这种控制方式用于简易数控车床、数控铣床和数控磨床等。

(3) 轮廓控制数控机床   轮廓控制方式就是刀具与工件相对运动时,能对两个或两个以上坐标轴的运动同时进行控制。它不仅能够控制机床移动部件的起点和终点坐标,而且能按需要严格控制刀具移动轨迹,以加工出任意斜率的直线、圆弧、抛物线及其他函数关系的曲线和曲面,如图1-13所示。采用这类控制方式的数控机床有数控车床、数控铣床、数控磨床和加工中心等。

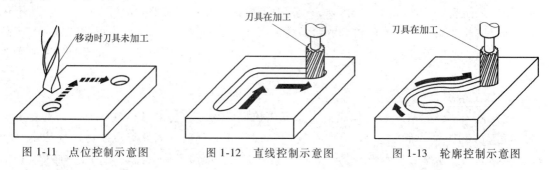

图1-11   点位控制示意图   图1-12   直线控制示意图   图1-13   轮廓控制示意图

2. 按控制方式分类

数控机床按照对被控量有无检测装置可分为开环控制和闭环控制两种。在闭环系统中,根据检测装置安放的部位又分为全闭环控制和半闭环控制两种。

(1) 开环控制系统   图1-14所示为典型的开环控制系统框图,控制系统中没有检测反馈装置,数控装置将工件加工程序处理好后,发出指令脉冲(又称进给脉冲),经驱动电路功率放大后,驱动步进电动机转动,再经传动机构带动工作台移动。由图1-14可见,指令信息单方向传送,并且指令发出后,不再反馈回来,故称开环控制系统,其特点如下:

1) 数控机床的开环控制系统不带位置检测反馈装置,不检测运动的实际位置,因此系统的精度比较低。其精度主要取决于步进电动机和传动机构的精度。

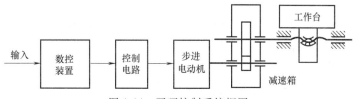

图 1-14 开环控制系统框图

2）驱动元件一般采用步进电动机，改变进给脉冲的数目和频率，可改变步进电动机的转数和转速，从而改变工作台的位移量和速度。

3）开环控制系统结构简单，调试方便，容易维修，成本较低，仍被广泛应用于经济型数控机床上。

（2）闭环控制系统　图 1-15 所示为闭环控制系统框图，通过安装在工作台上的位置检测元件将工作台实际位移量反馈到计算机中，与所给定的位置指令进行比较，用比较的差值进行控制，直到差值消除为止。闭环控制系统可以消除机械传动部件的各种误差和工件加工过程中产生的干扰，从而使加工精度大大提高。速度检测元件的作用是将伺服电动机的实际转速转变成电信号送到速度控制电路中，进行反馈校正，使电动机转速保持稳定，其特点如下：

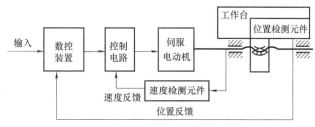

图 1-15 闭环控制系统框图

1）数控机床的闭环控制系统，一般在工作台上安装位置检测反馈装置（目前一般采用光栅尺），其控制精度很高。

2）驱动元件一般采用直流伺服电动机或交流伺服电动机；速度检测元件一般常用测速发电机。

3）闭环控制系统调试和维修比较复杂，成本也高。如果不是精度要求很高的数控机床，一般不采用这种控制方式。

（3）半闭环控制系统　图 1-16 所示为半闭环控制系统框图，其位置检测元件不是直接检测工作台的位移量，而是采用转角位移检测元件，测出伺服电动机或丝杠的转角，推算出

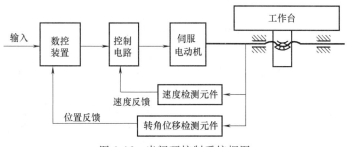

图 1-16 半闭环控制系统框图

工作台的实际位移量，再反馈到计算机中进行位置比较，用比较的差值进行控制。由于此反馈环内不包括丝杠螺母副及工作台，故称半闭环控制系统，其特点如下：

1）数控机床的半闭环控制系统是在电动机的端头或丝杠的端头安装位置检测元件（目前一般采用光电编码器）。

2）驱动元件一般采用直流伺服电动机或交流伺服电动机。

3）控制精度较闭环控制差，但稳定性好，成本也较低，调试维修也比较容易，并兼顾了开环控制和闭环控制两者的特点，因此应用比较普遍。

实训项目一　认识数控机床

一、实训目标

1）认识数控机床的基本结构。

2）认识数控机床电气控制系统中的主要电器元器件及作用。

二、实训步骤

1. 任务准备

实施本任务所需要的实训设备及工具材料见表1-2。

说明：在本书的项目实训中，各学校应根据自身条件准备实训材料，但实训的目标要求不变。表1-2中的设备型号、数量仅供实训小组参考。

表1-2　实训设备及工具材料

序号	设备与工具	型号与说明	数量
1	数控车床	CAK3665nj（或实验设备）	1台
2	机床资料	数控车床使用说明书、电气说明书、数控系统操作说明书	1套
3	电工工具		1套

2. 参观数控车间，认识数控车床

1）在指导教师的指导下，对照数控车床了解其主要结构，并正确填写表1-3。

表1-3　数控车床的主要结构

序号	结构名称	功能
1	数控装置	
2	主轴机构	
3	进给机构	
4	换刀机构	
5	润滑装置	
6	冷却装置	
7	电气控制箱	
8	机床本体	

2）在指导教师的指导下，仔细观察数控车床及其电气控制柜，识别各电器元器件的型号、位置和用途，并正确填写表1-4。

3）由指导教师对机床进行操作，观察数控车床主轴、进给、换刀、冷却和润滑等系统的运动，加深理解表 1-1 中的机床运动形式和控制要求。

表 1-4 电器元器件的型号和用途

序号	电器元器件名称	型号	用途
1	数控装置		
2	变频器		
3	X/Z 轴伺服驱动器		
4	伺服变压器		
5	开关电源		
6	润滑泵		
7	电动刀架		
8	伺服电动机		
9	主轴编码器		
10	X/Z 轴限位开关		
11	轴流风扇		

 安全提示

本书所涉及的工作任务，在实施过程中都应遵守以下安全文明生产的规定：

1）在任务实施过程中要严格遵守安全用电操作规程，未经指导教师同意严禁送电。

2）爱护设备和工具，未经指导教师同意，严禁乱动数控设备。

3）分组操作过程中，围观人数不能太多（5~6 人为宜），防止发生人身安全事故。

4）实训场所严禁打闹。

5）带电工作时，应严格遵守带电操作规程，以防触电。

6）任务结束后，要断电、收拾工具、打扫卫生。

三、项目测评

完成任务后先按照表 1-5 进行自我测评，再由指导教师评价审核。

表 1-5 评分标准

序号	项目	考核内容及要求	配分	评分标准	扣分	得分
1	任务准备	检查工具、资料是否准备齐全	5	工具准备（2分） 资料准备（3分）		
2	数控装置	理解数控装置型号、功能	10	正确填写型号（3分） 正确理解数控装置的功能（7分）		
3	主轴机构	认识主轴箱、主轴变频器、主轴编码器、主轴电动机以及它们的位置	20	正确填写主轴变频器型号及用途（5分） 正确填写主轴编码器型号及用途（5分） 正确填写主轴电动机型号及用途（5分） 知道各部件的机床位置（5分）		

（续）

序号	项目	考核内容及要求	配分	评分标准	扣分	得分
4	进给机构	认识伺服驱动器、伺服变压器、X轴进给机构、Z轴进给机构、伺服电动机以及它们在机床上的位置	20	正确填写伺服驱动器型号及用途（5分） 正确填写伺服电动机型号及用途（5分） 正确填写伺服变压器的各组电压及用途（5分） 知道各部件的机床位置（5分）		
5	换刀装置	认识电动刀架型号及用途	10	正确填写电动刀架型号及用途（8分） 知道刀架的机床位置（2分）		
6	润滑装置	认识润滑装置型号及用途	10	正确填写润滑装置型号及用途（8分） 知道润滑装置的机床位置（2分）		
7	开关电源	认识开关电源型号	5	正确填写开关电源的型号与各组电压（5分）		
8	轴流风扇	认识轴流风扇的型号及用途	5	正确填写轴流风扇型号及用途（5分）		
9	限位开关	认识限位开关型号、用途与位置	5	正确填写限位开关型号及用途（3分） 知道限位开关的机床位置（2分）		
10	安全文明生产	1. 应符合国家安全文明生产的有关规定 2. 劳保用品齐全	10	违反安全文明生产有关规定不得分		
指导教师评价					总得分	

【思考与练习】

一、填空题（将正确答案填在横线上）

1. 数控机床是采用_____技术的机床，即用_____信号控制机床运动及其加工过程。它是一种技术_____和_____程度都很高的机电一体化设备。

2. 现代数控系统又称为_____系统，是采用计算机控制技术实现控制功能的，简称为_____系统。

3. 数控机床一般由_____、_____、_____、_____和机床本体等组成。

4. _____是数控机床的核心，一般由输入装置、_____和_____等构成。

5. 数控系统所控制的对象是_____，主要由_____和_____两部分组成。

6. 数控机床中常用的位置检测元件有_____、_____、_____、_____等。

二、选择题（将正确答案序号填在括号里）

1. 数控机床本体包括（   ）。

A. 主轴、导轨、床身 　　　　　　B. 主轴、导轨、交换工作台

C. 主轴、导轨、排屑装置 　　　　D. 主轴、导轨、床身、交换工作台、排屑装置

2. （   ）是数控系统的执行部分。

A. 数控装置 　　　　　　　　　　B. 伺服系统

C. 测量反馈装置 　　　　　　　　D. 控制器

3. 数控系统中 CNC 的中文含义是（   ）。

A. 计算机数字控制 　　　　　　　B. 工程自动化

C. 硬件数控 　　　　　　　　　　D. 计算机控制

4. 数控机床的控制介质有（   ）。

A. 零件图样和加工程序单 　　　　B. 穿孔带

C. 穿孔带、磁带、磁盘、优盘 　　D. 光电阅读机

三、判断题（将判断结果填入括号中，正确的填"√"，错误的填"×"）

1. 数控机床具有柔性，只需更换程序，就可适应不同尺寸规格零件的自动加工。（   ）

2. 数控装置是数控系统的执行部分。（   ）

3. 数控机床电气控制系统的发展与数控系统、伺服系统、PLC 等的发展密切相关。（   ）

4. 所输入的加工程序数据，经计算机处理，发出所需要的脉冲信号，驱动伺服电动机，实现机床的自动控制。（   ）

5. 数控机床是在普通机床的基础上将普通电气装置更换成数控装置。（   ）

6. CAK3665nj 数控车床的主轴驱动系统采用变频主轴。（   ）

四、简答题

1. 什么是数控机床？数控机床由哪几个部分组成？各有什么作用？

2. 简述数控机床的加工过程。

第二节　数控机床编程基础

一、数控机床坐标系

为了便于描述数控机床的运动，数控研究人员引入了数学中的坐标系，用数控机床坐标系来描述机床的运动。为了准确地描述机床的运动，简化程序的编制方法及保证记录数据的互换性，数控机床的坐标系和运动的方向均已标准化。

1. 坐标系确定原则

国际标准化组织 2001 年颁布的 ISO 2001 标准规定的命名原则如下。

（1）刀具相对于静止工件而运动的原则　这一原则使编程人员能在不知道是刀具移近工件还是工件移近刀具的情况下，就可根据零件图样，确定零件的加工过程。

（2）标准坐标（机床坐标）系的规定　在数控机床上，机床的动作是由数控装置来控制的，为了确定机床上的成形运动和辅助运动，必须先确定机床上运动的方向和运动的距离，这就需要一个坐标系，这个坐标系就称为机床坐标系。

标准的机床坐标系是一个笛卡儿坐标系，如图 1-17 所示，图中规定了 X、Y、Z 三个直角坐标轴的方向。伸出右手的大拇指、食指和中指，并互为 $90°$，大拇指代表 X 坐标轴，食指代表 Y 坐标轴，中指代表 Z 坐标轴。大拇指的指向为 X 坐标轴的正方向，食指的指向为 Y 坐标轴的正方向，中指的指向为 Z 坐标轴的正方向。围绕 X、Y、Z 坐标轴的旋转坐标轴分别用 A、B、C 表示。根据右手螺旋定则，大拇指的指向为 X、Y、Z 坐标轴中任意轴的正向，则其余四指的旋转方向即为旋转坐标 A、B、C 轴的正向。

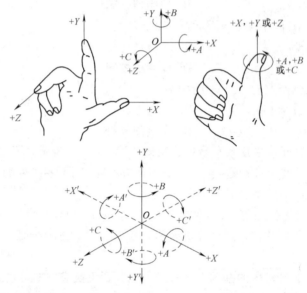

图 1-17　笛卡儿坐标系

（3）运动方向的规定　对于各坐标轴的运动方向，均将增大刀具与工件距离的方向确定为各坐标轴的正方向。

2. 坐标轴的确定

（1）Z 坐标轴　Z 坐标轴的运动方向是由传递切削力的主轴所决定的，与主轴轴线平行的标准坐标轴即为 Z 坐标轴，其正方向是增加刀具和工件之间距离的方向，如图 1-18 所示。

（2）X 坐标轴　X 坐标轴平行于工件装夹面，一般在水平面内，它是刀具或工件在定位平面内运动的主要坐标。

在有工件回转的机床（如车床）上，X 坐标轴的运动方向是径向的，而且平行于横向滑座，X 坐标轴的正方向为刀具离开工件回转中心的方向，如图 1-18 所示。

在有刀具回转的机床（如铣床）上，若 Z 坐标轴是垂直的（主轴是立式的），观察者沿刀具主轴向立柱看（即观察者从机床前向立柱看）时，X 坐标轴的正方向指向右方，如图 1-19a 所示。若 Z 坐标轴是水平的（主轴是卧式的），观察者沿刀具主轴向工件看（即观察者从机床

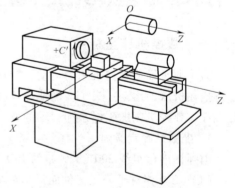

图 1-18　数控车床的坐标系

背面向工件看）时，X 坐标轴的正方向指向右方，如图 1-19b 所示。

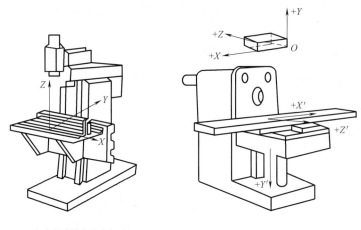

a) 立式数控铣床的坐标系　　　　　　　b) 卧式数控铣床的坐标系

图 1-19　数控铣床的坐标系

（3）Y 坐标轴　在确定了 X 和 Z 坐标轴后，可根据 X 和 Z 坐标轴的正方向，按照笛卡儿坐标系来确定 Y 坐标轴及其正方向。

【说明】

对于移动部分是工件而不是刀具的机床，必须将前面所介绍的移动部分是刀具的各项规定，在理论上做相反的安排。此时，用带 "'" 的字母表示工件正向运动，如 $+X'$、$+Y'$、$+Z'$ 表示工件相对于刀具正向运动，$+X$、$+Y$、$+Z$ 表示刀具相对于工件正向运动，两者所表示的运动方向恰好相反，如图 1-19b 所示。

3. 机床原点和机床参考点

（1）机床原点　机床原点是机床制造厂家设置在机床上的一个基准位置，它不仅是在机床上建立工件坐标系的基准点，而且还是机床调试和加工时的基准点。数控车床的机床原点一般为主轴回转中心与卡盘后端面的交点，如图 1-20 所示。数控铣床的机床原点一般设在 X、Y、Z 坐标轴的正方向极限位置上，如图 1-21 所示。

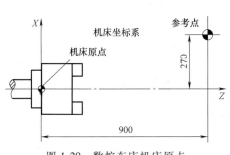

图 1-20　数控车床机床原点

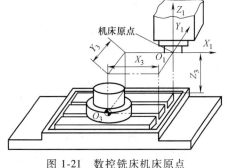

图 1-21　数控铣床机床原点

（2）机床参考点　机床参考点是用于对机床运动进行检测和控制的固定位置点。机床参考点的位置是由机床制造厂家在每个进给轴上用限位开关精确调整好的，坐标值已输入数控系统中。因此，机床参考点对机床原点的坐标是一个已知数。

对于大多数数控机床，开机第一步总是先使机床返回参考点（即所谓的机床回零）。开机回参考点的目的就是建立机床坐标系，只有机床参考点被确认后，刀具（或工作台）移动才有基准。

机床参考点可以与机床原点重合，也可以不重合。通常在数控铣床上机床原点和机床参考点是重合的；而在数控车床上机床参考点是离机床原点最远的极限点，如图 1-20 所示。

二、数控编程

数控编程是指从零件图样到获得数控加工程序的全部工作过程。

1. 数控编程的分类

（1）手工编程　手工编程是指主要由人工来完成数控编程中各个阶段的工作。一般对几何形状不太复杂的零件，所需的加工程序不长，计算比较简单，用手工编程比较合适。

（2）计算机自动编程　自动编程是指在编程过程中，除了分析零件图样和制订工艺方案由人工进行外，其余工作均由计算机辅助完成。采用计算机自动编程时，数学处理、编写程序、检验程序等工作是由计算机自动完成的，由于计算机可自动绘制出刀具中心运动轨迹，使编程人员可及时检查程序是否正确，需要时可及时修改，以获得正确的程序。又由于计算机自动编程代替程序编制人员完成了繁琐的数值计算，可提高编程效率几十倍乃至上百倍，因此解决了手工编程无法解决的许多复杂零件的编程难题。因而，自动编程的特点就在于编程工作效率高，可解决复杂形状零件的编程难题。

2. 数控编程的步骤

（1）分析零件图样　编程人员拿到零件图样后，应准确识读零件图样表述的各种信息，通过分析，确定该零件是否适合在数控机床上加工，或适宜在哪种数控机床上加工，甚至还要确定零件的哪几道工序需要在数控机床上加工。

（2）确定工艺过程　在分析图样的基础上进行工艺分析，选定机床、刀具和夹具，确定零件加工工艺路线、工步顺序以及切削用量等工艺参数。

（3）计算加工轨迹尺寸　根据零件图样、加工路线和允许的加工误差，计算出零件轮廓的坐标值。

（4）编写程序单　加工路线、工艺参数及刀具数据确定以后，编程人员可以根据数控系统规定的功能指令代码及程序段格式，逐段编写加工程序，并校核上述两个步骤的内容，纠正其中的错误。此外，还应填写有关的工艺文件，如数控加工工序卡片、数控刀具卡片等。

（5）制作控制介质　把编制好的程序单上的内容记录在控制介质上，作为数控装置的输入信息。

（6）程序校验　编制好的加工程序必须经过校验和试切才能正式使用。校验的方法是直接将编制好的加工程序输入到数控装置中，让机床空运行，检查机床的运动轨迹是否正确。当发现有加工误差时，应分析误差产生的原因，找出问题所在，加以修正。

每一种数控系统，根据系统本身的特点与编程的需要，都有一定的程序格式。不同的数控系统，其程序格式也不尽相同。因此，编程人员在按数控程序的常规格式进行编程的同时，还必须严格按照系统说明书的格式进行编程。

三、数控程序的组成

一个完整的数控程序由程序号、程序内容和程序结束三部分组成，如下所示：

O0001;　　　　　　　　　　　　　程序号

N10 G99 G40 G21;

N20 T0101;

N30 G00 X100.0 Z100.0;　　　　　程序内容

N40 M03 S800;

…

N200 G00 X100.0 Z100.0;

N210 M30;　　　　　　　　　　　　程序结束

1. 程序号

每一个存储在系统存储器中的程序都需要指定一个程序号以相互区别，这种用于区别零件加工程序的代号称为程序号。因为程序号是加工程序开始部分的识别标记（又称为程序名），所以同一数控系统中的程序号（名）不能重复。程序号写在程序的最前面，必须单独占一行。

FANUC 系统程序号的书写格式为 O××××，其中 O 为地址符，其后为四位数字，数值为 0000~9999，在书写时其数字前的零可以省略不写，如 O0020 可写成 O20。

2. 程序内容

程序内容是整个加工程序的核心，由许多程序段组成。程序段是程序的基本组成部分，每个程序段由若干个数据字构成，而数据字又由表示地址的英文字母、特殊文字和数字构成，如 X30.0、G50 等。

（1）程序段格式　程序段格式是指一个程序段中字、字符、数据的排列、书写方式和顺序。通常情况下，程序段格式有字-地址程序段格式、使用分隔符的程序段格式、固定程序段格式三种。这里主要介绍字-地址程序段格式。

N—G—X—Y—Z—F—S—T—M—LF

程序　准备　　尺寸字　　进给　主轴　刀具　辅助　结束
段号　功能　　　　　　　功能　功能　功能　功能　标记

例如：N50 G01 X30.0 Z30.0 F100 S800 T01 M03;

（2）程序段的组成

1）程序段号。程序段号由地址符"N"开头，其后为若干位数字。

在大部分系统中，程序段号仅作为"跳转"或"程序检索"的目标位置指示。因此，它的大小及次序可以颠倒，也可以省略。程序段在存储器内以输入的先后顺序排列，而程序的执行是严格按信息在存储器内的先后顺序一段一段地执行的，也就是说执行的先后次序与程序段号无关。但是，当程序段号省略时，该程序段将不能作为"跳转"或"程序检索"的目标程序段。

程序段号也可以由数控系统自动生成，程序段号的递增量可以通过"机床参数"进行设置，一般可设定增量值为 10。

2）程序段内容。程序段的中间部分是程序段的内容。程序段内容应具备六个基本要素，即准备功能字、尺寸功能字、进给功能字、主轴功能字、刀具功能字、辅助功能字等（见表 1-6、表 1-7），但并不是所有程序段都必须包含所有功能字，一个程序段内仅包含其中一个或几个功能字也是允许的。

表 1-6 数控机床的主要功能及其地址

功　　能	地　　址	意　　义
准备功能	G	指定运动方向（直线、圆弧等）
尺寸功能	X，Y，Z	坐标轴运动指令
	U，V，W	
	A，B，C	
	I，J，K	圆弧中心坐标
	R	圆弧半径
进给功能	F	每分钟进给速度，每转进给速度
主轴功能	S	主轴速度
刀具功能	T	刀具号
辅助功能	M（见表 1-7）	机床上的开/关控制
	B	工作台分度等

表 1-7 常用的 M 功能代码

代码	功能	代码	功能
M00	程序停止	M08	切削液开
M01	选择程序停止	M09	切削液关
M02	程序段结束	M43	主轴高速
M03	主轴正转	M42	主轴中速
M04	主轴反转	M41	主轴低速
		M30	程序结束

　　3）程序段结束。程序段以结束标记"CR（或 LF）"结束，实际使用时，常用符号";"或"＊"表示"CR（或 LF）"。

3. 程序结束

　　程序结束部分由程序结束指令构成，它必须写在程序的最后。可以作为程序结束标记的 M 指令有 M02 和 M30，它们代表零件加工程序的结束。为了保证最后程序段的正常执行，通常要求 M02/M30 单独占一行。

　　此外，子程序结束的结束标记因不同的系统而各异，如 FANUC 系统中用 M99 表示子程序结束后返回主程序，而 SIEMENS 系统则常用 M17、M02 或字符"RET"作为子程序的结束标记。

【思考与练习】

一、填空题（将正确答案填在横线上）

1. 为了刀具及机床的安全，数控车床的返回机床参考点操作，一般应按_____顺序进行。

2. 数控机床坐标系采用的是_____坐标系。

3. 数控机床坐标系的正方向规定为_____。

4. 数控机床坐标系中 Z 轴的方向指的是_____的方向，其正方向是_____。

5. 数控车床中 X 轴的方向是_____，其正方向是_____。

6. 数控机床坐标系一般可分为_____和_____两大类。

7. 数控编程是指从零件图样到获得_____的全部工作过程。

8. 数控机床的编程方法有_____和_____。

9. 一个完整的数控程序由_____、_____和_____三部分组成。

10. 数控机床程序段的格式有_____、_____和_____。

二、选择题（将正确答案序号填在括号里）

1. 数控机床主轴以 800r/min 转速正转时，其指令应是（　　）。

A. M03 S800　　　　B. M04 S800　　　　C. M05 S800

2. 在数控机床坐标系中，平行机床主轴的直线运动为（　　）。

A. X 轴　　　　　B. Y 轴　　　　　C. Z 轴

3. 下列指令属于辅助功能的是（　　）。

A. G01　　　　　B. M08　　　　　C. T01　　　　　D. S500

4. 下列指令属于主轴正转功能的是（　　）。

A. M03　　　　　B. M04　　　　　C. M08　　　　　D. M09

5. 辅助功能字 M08 表示（　　）。

A. 程序停止　　　　　　　　　　B. 切削液开

C. 主轴停止　　　　　　　　　　D. 主轴顺时针方向转动

三、判断题（将判断结果填入括号中，正确的填"√"，错误的填"×"）

1. 数控机床软极限可以通过调整系统参数来改变。（　　）

2. 数控车床换刀时必须先回参考点。（　　）

3. 确定机床坐标系时，一般先确定 X 轴，然后确定 Y 轴，再根据右手定则确定 Z 轴。
（　　）

4. 数控机床坐标系是机床固有的坐标系，一般情况下不允许用户改动。（　　）

5. 机床参考点是数控机床上固有的机械原点，该点到机床坐标原点在进给坐标轴方向
上的距离可以在机床出厂时设定。（　　）

6. 车床主轴必须反转，应用 M04 指令。（　　）

第三节　数控车床（FANUC 0i Mate-TD 系统）基本操作与编程

一、数控车床总面板介绍

在 FANUC 系统中，因数控车床的系列、型号、规格各有不同，在使用功能、操作方法
和面板设置上也不尽相同，本节以 FANUC 0i Mate-TD 系统为例进行叙述。FANUC 0i Mate-
TD 系统的数控车床总面板主要由 MDI 键盘区、LCD 显示区、软键开关区和机床操作面板区

等组成，如图 1-22 所示。

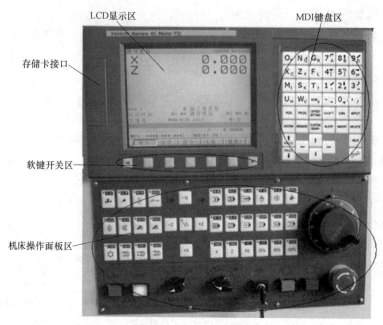

图 1-22　数控车床总面板

1. MDI 功能键盘介绍

图 1-22 所示的 FANUC 0i Mate-TD 系统 MDI 键盘区中的各键，主要用于程序编辑、参数输入等，具体功能见表 1-8。

表 1-8　FANUC 0i Mate -TD 数控系统 MDI 键盘说明

序号	名称	说　　明
1	复位键 RESET	按此键可使 CNC 复位，用于消除大部分报警
2	帮助键 HELP	按此键显示如何操作机床，如 MDI 键的操作，可在 CNC 报警时提供详细的报警信息
3	软键	根据其使用场合，软键有各种功能，软键功能显示在 CRT 显示器的底部
4	地址和数字键 N 4 …	按这些键可以输入数字、字母和字符
5	上档键 SHIFT	在有些键的右下角有另外一个字符，按此键可输入这些键右下角的字符
6	输入键 INPUT	当按了数字键或地址键以后，数据输入到缓冲器，并显示在 CRT 显示器上，为了把键入到缓冲器中的数据复制到寄存器上，按此键，相当于按软键[IN-PUT]，二者的作用是一样的

（续）

序号	名称	说　明
7	取消键 CAN	按此键可删除最后输入的那个字符或符号
8	替换键 ALTER	替换操作,编辑程序时用
9	插入键 INSERT	插入操作,编辑程序时用
10	删除键 DELETE	删除操作,编辑程序时用
11	功能键 POS	按此键显示位置画面
12	功能键 PROG	按此键显示程序画面
13	功能键 OFS/SET	按此键显示刀偏/设定(SETTING)画面
14	功能键 SYSTEM	按此键显示系统画面
15	功能键 MESSAGE	按此键显示信息画面
16	功能键 CSTM/GR	按此键显示用户宏画面(会话式宏画面)或图形画面
17	翻页键 PAGE	按此两键可向前或向后翻页
18	光标键	按此四键可以使光标左、右、前、后移动

2. LCD 中的软键开关功能介绍

在 LCD 的下方,有一排软键,这排软键的功能是根据 LCD 中的对应提示来指定的。

3. 机床操作面板按键功能介绍（表 1-9）

表 1-9　FANUC 0i Mate -TD 机床操作面板功能介绍

名　　称	功能键图	功　　能
系统电源开关		按下 NC 电源"启动"按钮,数控系统获电;按下 NC 电源"停止"按钮,数控系统断电

（续）

名　称	功　能　键　图	功　　能
急停按钮		当出现紧急情况而按下急停按钮时,在屏幕上出现"急停报警"字样
超程释放		当机床出现超程报警时,按下"超程释放"按钮不松开,然后用手摇脉冲发生器反向移动该轴,可解除超程报警
模式选择按钮		"编辑"模式:程序的输入及编辑操作 "MDI"模式:手动数据(如参数)输入操作 "自动"模式:自动运行加工操作 "手动"模式:手动切削进给或手动快速进给 "手轮"模式:摇进给操作 "参考点"模式:回参考点操作 注:以上模式按钮为单选按钮,只能选择其中的一个
"自动"模式下的按钮		单步运行:该模式下,每按一次循环启动按钮,机床将执行一步程序后暂停 跳步:当按下该按钮时,程序段前加"/"符号的程序段将被跳过执行 机床锁定:用于检查程序编制的正确性,该模式下刀具在自动运行过程中的移动功能将被限制 选择停止:该模式下,指令 M01 的功能与指令 M00 的功能相同 空运行:用于检查刀具运行轨迹的正确性,该模式下自动运行过程中的刀具进给始终为快速进给
手动进给及其进给方向		手动模式下,按下指定轴的方向键不松开,即可指定刀具沿指定的方向进行手动连续慢速进给。进给速率可通过进给速度倍率旋钮进行调节 按下指定轴的方向键不松开,同时按下中间位置的快速移动按钮,即可实现自动快速进给
手摇操作及其进给方向		选择手摇操作的进给轴
		"×1""×10""×100"和"×1000"为手摇操作模式下的四种不同增量步长,而"F0""25%""50%"和"100%"为四种不同的快速进给倍率
回参考点指示灯		当相应轴返回参考点后,对应轴的返回参考点指示灯亮

（续）

名　称	功 能 键 图	功　能
润滑	润滑	按下"润滑键"后,将立即对机床进行间歇性润滑
冷却	冷却	按下"手动冷却键"后,执行切削液"开"功能
主轴功能	主轴正转	主轴正转按钮:在手动方式下,按下主轴正转按钮,电动机正向旋转
	主轴停止	主轴停转按钮:在手动方式下,按下主轴停止按钮,电动机停止旋转
	主轴反转	主轴反转按钮:在手动方式下,按下主轴反转按钮,电动机反向旋转
		主轴倍率:按下主轴旋转钮,选择主轴倍率,主轴速度改变
液压按钮	液压启动　卡盘夹紧	该按钮依次为液压启动和卡盘夹紧
其他按钮	刀架转位	每按一次"刀架转位"按钮,刀架将转过一个刀位
	程序重启	"程序重启"用于实现程序中断后的返回中断点操作

（续）

名　称	功能键图	功　能
其他按钮		按下"照明"键，机床照明灯亮
		当程序保护开关处于"ON"位置时，即使在"编辑"状态下也不能对 NC 程序进行编辑操作
加工控制		"循环启动"该按钮用于启动自动运行 "循环停止"用于使自动运行加工暂时停止

二、数控车床的基本操作

1. 机床电源接通与关闭

（1）机床通电　开机的操作流程如图 1-23a 所示。

1）检查机床状态是否正常。

2）检查电气柜内、外的所有电器元器件、模块插件、插接器和连接线有无松动和脱落。

3）关好电气柜门，接通机床电气柜总电源。

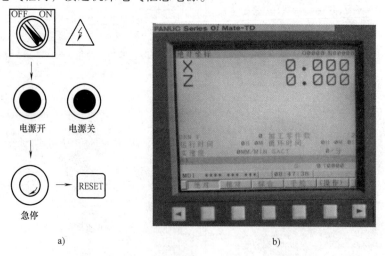

a)　　　　　　　　　　　　　　　　b)

图 1-23　开机流程与开机后的画面

4）按下机床操作面板上的"NC"启动键，数秒后显示屏亮，显示有关位置和信息，如图1-23b所示。

如果LCD画面显示"急停"报警画面，可松开"急停"键并按下 RESET 键数秒，系统将复位。

5）检查散热风机等是否正常运转。

（2）电源关

1）检查操作面板上的循环启动灯是否关闭。

2）检查CNC机床的移动部件是否都已经停止移动。

3）如有外部输入/输出设备接到机床上，先关闭外部设备的电源。

4）按下"急停"键后，按下"NC"键，然后关闭机床总电源。

 安全提示

紧急停止操作。在机床操作面板的左下角，是一个红色蘑菇头急停按钮，当发生危险情况时，立即按下急停按钮，机床的全部动作停止，该按钮同时自锁，显示屏出现急停报警。当险情或故障排除后，将该按钮顺时针方向旋转一个角度，即可以复位。

2. 手动操作

（1）机床返回参考点　数控机床各坐标轴在返回参考点以后，机床以参考点为原点建立机床坐标系。此时，机床的软超程保护功能和螺距补偿功能才能有效。

机床返回参考点的操作流程与显示画面如图1-24所示，各步骤具体内容如下：

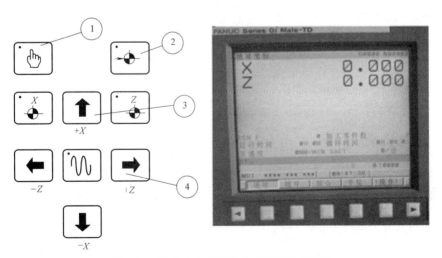

图1-24　返回参考点的操作流程与显示画面

① 首先检查刀架当前位置是否在返回参考点减速挡块之前。如果不是，转到手动操作方式，将刀架移动到减速挡块之前。

② 按下参考点 键，转到返回参考点方式。

③ 按下"↓"键直到 X 轴移动进入减速后方可释放该键，再经过一段时间，机床操作数字键上方对应的 X 参考点灯亮，X 轴停止运动，X 轴返回参考点操作完成。

④ 按下"→"键直到 Z 轴移动到减速后方可释放该键，经过一段时间后，机床操作数字键上方对应的 Z 参考点灯亮，Z 轴停止运动，Z 轴返回参考点操作完成。在返回参考点过程中，为了刀具及机床的安全，数控车床的返回参考点操作一般应按先 X 轴后 Z 轴的顺序进行。若采用增量编码器机床，只要数控系统断电重新启动，就必须执行返回参考点操作。返回参考点操作还可以通过自动、MDI 方式，用 G28 指令来完成。

（2）坐标轴移动

1）X 轴和 Z 轴点动。

X 轴和 Z 轴点动的操作流程如下：

① 按下手动键，机床进入手动操作方式。

② 选择刀架的移动速率，由进给速度倍率转换开关 选定。进给速度倍率有 0~150%，对应进给速度为 0~1260r/min。

③ 按下"↑"键，刀架向 X 轴负方向移动，抬手则停止移动。

④ 按下"↓"键，刀架向 X 轴正方向移动，抬手则停止移动。

⑤ 按下"←"键，刀架向 Z 轴负方向移动，抬手则停止移动。

⑥ 按下"→"键，刀架向 Z 轴正方向移动，抬手则停止移动。

2）快速点动。

X 轴和 Z 轴快速点动的操作流程如下：

① 按下手动键，机床进入手动操作方式。

② 选择刀架的快速移动速率，由快速倍率按键 选定。

③ 同时按下某一方向的点动键与快速选择键 时，刀架快速移动。放开快速选择键，其指示灯灭，刀架移动恢复成点动速度。快速倍率对程序快速指令同样有效，对手动返回参考点的快速移动程序也有效。

（3）手摇脉冲进给操作 按下手摇进给操作键 ，键指示灯亮，机床处于手摇进给操作方式，操作者可以摇动手摇脉冲发生器令刀架前后、左右运动。其速度快慢可随意调节，非常适合于近距离对刀等操作，其操作步骤如下：

1）选择手摇脉冲进给轴按键 。按下 X 键，选择 X 轴；按下 Z 键，选择 Z 轴。

2）选择手摇进给倍率 按键。

手摇脉冲倍率有 0.001mm/0.01mm/0.1mm/1mm 四种，应根据要求任选其一，手摇轮每刻度当量值就得以确定。

3）进给倍率开关选择任意一个速度。

4）顺时针方向或逆时针方向旋转手摇脉冲发生器，向相应的方向移动刀具。

【说明】

在手摇进给方式下，可以执行手动主轴启停、手动切削液开关、手动选刀操作。

（4）主轴控制　主轴手动控制由机床控制面板上的主轴手动按键来完成。

1）主轴正转的操作流程如下：

① 选择手动方式。

② 选择主轴变速档位和级数。用机床主轴变速手柄和操作面板的主轴倍率开关，按照组成的变速组合图表，来选定主轴变速档位和级数。

③ 按下主轴正转按键，指示灯亮，主轴电动机以机床设定的转速正转，直到按下主轴停止或主轴反转按键。

2）主轴反转的操作流程如下：

① 选择手动方式。

② 选择主轴变速档位和级数。用机床主轴变速手柄和操作面板的主轴倍率开关，按照组成的变速组合图表，来选定主轴变速档位和级数。

③ 按下主轴反转按键，指示灯亮，主轴电动机以机床设定的转速反转，直到按下主轴停止或主轴正转按键。

3）主轴停止。在手动方式下，按下主轴停止按键，主轴电动机停止运转。

【说明】

主轴正转、主轴反转和主轴停止这几个按键是互锁的，即按下其中一个按键，指示灯亮，其余两个按键会失效，指示灯灭。

4）切削液开关操作。按下切削液开关键，冷却泵通电工作。打开切削液阀门，切削液喷出。若再按一下此键，冷却泵断电，切削液关闭。

（5）手动选刀操作　在手动方式下，按住手动选刀键，刀架自动松开，然后逆时针方向转位，并且通过刀架上的无触点开关搜索出需求的刀位。释放选刀键后，刀架自动反转，然后紧锁在邻近的低号位上，显示器的右下角显示当前刀位号T××××。

轻点选刀键，可以实现一次选一个刀位。按住选刀键，直到刀架转过所要的刀位后再释放，就可以一次选到任意刀位。

 安全提示

刀架紧锁延时不足会影响刀架锁紧刚度，刀架锁紧延时过长会引起刀架电动机过热损坏。刀架锁紧延时时间是由参数T08来设定的。出厂时这个参数值已设定好，不要轻易改变。如果发现刀架锁紧程度不足，影响加工精度，允许适当增大时间设定值，但要注意刀架电动机的温度，调好后将时间数据记录在参数表内。

（6）机床锁住操作

1）按下机床锁住键，机床操作数字键上方对应键指示灯亮，机床锁住状态有效。

再按一次此键，指示灯灭，机床锁住状态解除。

2）在机床锁住状态下，手动方式下的各轴移动操作只能以位置显示变化，机床各轴不动，但主轴、冷却泵、刀架照常工作。

3）在机床锁住状态下，自动和 MDI 方式下的程序照常运行，位置显示变化，机床各轴不动，但主轴、冷却泵、刀架照常工作。

【说明】此功能用于程序校验。

（7）机床导轨润滑操作　本机床有导轨润滑功能。每当机床送电后，在手动方式下按一下导轨润滑键，润滑开始运行。再按一下导轨润滑键，润滑停止。

 安全提示

本机床要求每天必须给导轨及滑板泵油，且不能少于两次，期间一定要使机床的两轴往复运动。

（8）机床超程限位和解除

1）储存软限位。在操作过程中，由于某种原因可能会使机床伺服轴在某一方向的移动位置超出由参数 PRM1320、PRM1321 设定的安全区域，数控系统会发出报警并停止伺服轴的移动。此时按下超程解除键，同时按下超程轴反方向进给键使轴移动，进入安全区，即可正常操作。只有当机床上电后执行过手动返回参考点操作，建立起机床坐标系后，软限位功能才有效。

2）硬开关限位。本机床在 X 轴和 Z 轴的正负方向上全装有超程限位开关。限位开关挡块的位置可以由操作者调节。在操作过程中，由于某种原因使机床刀架在某一方向的移动块压到了限位开关，数控系统会发出急停报警并停止伺服轴的移动，如图 1-25 所示。

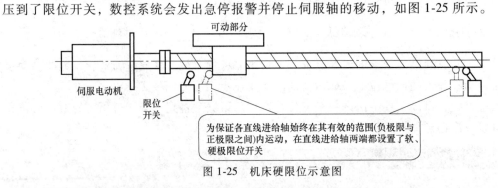

图 1-25　机床硬限位示意图

 安全提示

①硬限位开关是机床上十分重要的安全装置，用户应当定期检查其有效性，防止出现意外。②硬限位规定的安全区应当大于软限位规定的安全区，从而尽可能先使软限位开关动作。

3．程序的编辑操作

（1）程序的操作

1）建立一个新程序，流程如图 1-26 所示。

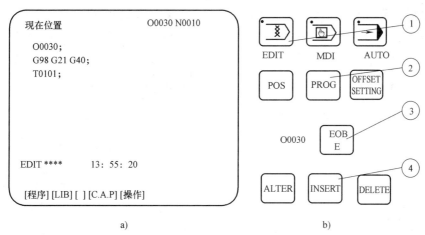

图 1-26　建立新程序流程图

选择模式按钮"EDIT"，按下 MDI 功能键 $\boxed{PROG}$ ，输入地址符 O，输入程序号（如 O0030），按下 $\boxed{EOB}$ 键，再按下 $\boxed{INSERT}$ 键，即可完成新程序"O0030"的输入。

建立新程序时，要注意建立的程序号应为存储器中所没有的新程序号。

2）调用内存中储存的程序。选择模式按钮"EDIT"，按下 MDI 功能键 $\boxed{PROG}$ ，输入地址符 O，输入程序号（如 O0123），按下向下移动键即可完成程序"O0123"的调用。

在调用程序时，一定要调用存储器中已存入的程序。

3）删除程序。选择模式按钮"EDIT"，按下 MDI 功能键 $\boxed{PROG}$ ，输入地址符 O，输入程序号（如 O0123），按下 $\boxed{DELETE}$ 键，即可完成单个程序"O0123"的删除。

如果要删除存储器中的所有程序，在输入"0～9999"后按下 $\boxed{DELETE}$ 键，即可删除存储器中所有程序。

如果要删除指定范围内的程序，只要在输入"OXXXX，OYYYY"后按下 $\boxed{DELETE}$ 键，即可将存储器中"OXXXX～OYYYY"范围内的所有程序删除。

（2）程序段的操作

1）删除程序段。选择模式按钮"EDIT"，用 $\boxed{CORSOR}$ 键检索或扫描到将要删除的程序段 N××××处，按下 $\boxed{EOB}$ 键，再按下 $\boxed{DELETE}$ 键，即可将光标所在处的程序段删除。

如果要删除多个程序段，则用 $\boxed{CORSOR}$ 键检索或扫描到将要删除的程序开始段的地址（如 N0010），键入地址符 N 和最后一个程序段号（如 N1000），按下 $\boxed{DELETE}$ 键，即可将 N0010～N1000 内的所有程序段删除。

2）程序段的检索。程序段的检索功能主要用于自动运行模式中。其检索过程如下：按下模式选择按钮 $\boxed{AUTO}$ ，按下 $\boxed{PROG}$ 键屏幕显示程序，输入地址 N 及要检索的程序段号，按下 CRT 下的软键 ［N SRH］，即可找到所要检索的程序段。

（3）程序字的操作

1）扫描程序字。选择模式按钮"EDIT"，按下光标向左或向右移动键（见图 1-27），光标将在屏幕上向左或向右移动一个地址字。按下光标向上或向下移动键，光标将移动到上一个或下一个程序段的开始段。按下 PAGE UP 键或 PAGE DOWN 键，光标将向前或向后翻页。

图 1-27　光标移动键

2）跳到程序开始段。在"EDIT"模式下，按下 RESET 键即可使光标跳到程序开始段。

3）插入一个程序字。在"EDIT"模式下，扫描到要插入位置前的字，键入要插入的地址字和数据，按下 INSERT 键。

4）字的替换。在"EDIT"模式下，扫描到将要替换的字，键入要替换的地址字和数据，按下 ALTER 键。

5）字的删除。在"EDIT"模式下，扫描到将要删除的字，按下 DELETE 键。

6）输入过程中字的取消。在程序字符的输入过程中，如发现当前字符输入错误，则按一次 CAN 键，删除一个当前输入的字符。

（4）程序输入与编辑实例

例如：将下列加工程序输入到 CNC 系统中。

O0030；

G40 G21 G99；

T0101；

S600 M03；

G00 X52.0 Z52.0；

G01 X30.0 F0.1；

Z-20.0；

X40.0 Z-30.0；

X52.0；

G28 U0 W0；

M30；

程序的输入过程如下：

选择"EDIT"模式按钮，按 PROG 键，将"程序保护"置于"OFF"位置，输入内容为：

O0030 EOB 　 INSERT ；

G40 G20 EOB 　 INSERT ；

T0101 EOB 　 INSERT ；

S600 M03 M04 EOB 　 INSERT ；

G00 X52.0 Z52.0 EOB 　 INSERT ；

G01 X30.0 F0.1 EOB 　 INSERT ；

Z-20.0 $\boxed{\text{EOB}}$ $\boxed{\text{INSERT}}$；

X40.0 Z-30.0 $\boxed{\text{EOB}}$ $\boxed{\text{INSERT}}$；

X52.0 $\boxed{\text{EOB}}$ $\boxed{\text{INSERT}}$；

G28 U0 W0 $\boxed{\text{EOB}}$ $\boxed{\text{INSERT}}$；

M30 $\boxed{\text{EOB}}$ $\boxed{\text{INSERT}}$；

$\boxed{\text{RESET}}$。

输入后，系统将会自动生成程序段号。另外，检查后发现第二行中 G20 应改成 G21，并少输了 G99，第四行中多输了 M04，则应做如下修改：

将光标移动到 G20 上，输入 G21，按下 $\boxed{\text{ALTER}}$ 键；

将光标移动到 G21 上，输入 G99，按下 $\boxed{\text{INSERT}}$ 键；

将光标移动到 M04 上，按下 $\boxed{\text{DELETE}}$ 键。

4. 机床自动运行

当上述工作完成后，即可进入自动加工操作。

（1）机床空运行 机床空运行操作是在不切削的条件下试验、检查新输入的工件加工程序的操作。为了缩短调试时间，在试运行期间，进给速率被系统强制设为最大值。

操作步骤如下：

1）选择自动方式。

2）按下空运行键 ，此时机床操作数字键上的方对应键上的指示灯亮，以示空运行状态有效。

3）按下循环启动键，空运行操作开始执行。

（2）单程序段操作 在自动或 MDI 方式下，按一下单程序段键 ，机床操作数字键上方对应键上的指示灯亮，单程序段功能有效。再按一下此键，指示灯灭，单程序段功能撤销。在自动操作方式下单程序段功能有效期间，每按一次循环启动键，仅执行一段程序，执行完就停下来。再按下循环启动键，又执行下一段程序。

（3）机床的自动运行

1）循环启动。自动操作方式是按照程序的指令控制机床连续自动加工的操作方式，其操作步骤如下：

①选择自动操作方式 ；②选择要执行的程序；③按下循环启动键 ，自动加工循环开始；④程序执行完毕，循环启动键指示灯灭，加工循环结束，程序返回到开头，准备执行下一次操作。

【说明】

在操作过程中如果显示屏上有"PS000"的信息提示，说明程序或者设定数据有误。

2）进给暂停。在自动操作方式和手动数据输入方式（MDI）下，在程序执行期间，按

下进给暂停键，程序的执行指令被暂停；再按下循环启动键，程序继续执行。

实训项目二　数控车床的基本操作与编程

一、实训目标

掌握 FANUC 0i Mate-TD 系统数控车床的基本操作与编程方法。

二、实训步骤

1. 任务准备

材料清单见表 1-10。

表 1-10　材料清单

序号	名称	型号与名称	数量
1	CAK4085di 数控车床或天煌数控车床综合实训装置（试验台）	CAK4085di 数控车床或天煌 THWLDF-1	1 台
2	FANUC 0i Mate-TD 使用说明书		1 套
3	实训设备说明书		1 本

2. 数控机床的手动操作

在指导教师的示范操作和指导下，对数控车床进行以下手动基本操作。

（1）接通机床电源的操作　步骤如下：

第一步，机床通电前的检查。

1）检查机床状态是否正常。

2）检查电源电压是否符合要求。

3）检查电气柜内、外的所有电器元器件、模块插件、插接器和连接线有无松动和脱落。

第二步，接通机床总电源。

关好电气柜门，接通机床电气柜总电源。

第三步，接通数控系统电源。

按下系统电源"NC"启动按键，给数控系统送电。

第四步，检查散热风机。

检查散热风机等运转正常后，开机完成。

安全提示

1）严格遵守停送电操作规程。

2）进行操作练习时，必须在教师的指导下进行，严禁乱动机床设备。

（2）关闭机床电源的操作　步骤如下：

第一步，停止所有进给轴的移动。

第二步，关闭所有辅助功能（如主轴、冷却泵等）。

第三步，按下"急停"键后，再按下"NC"停止键。

第四步，关闭机床总电源。

（3）返回参考点操作 选择返回参考点的方式，分别对 X 轴和 Z 轴进行回参考点操作。

（4）手动方式操作 在手动方式下，进行主轴启动与停止、机床切削液的开关操作和手动换刀操作。

（5）机床超程释放的操作 在操作过程中，由于某种原因可能会使机床伺服轴在某一方向的移动位置出现超程，数控系统会发出报警并停止伺服轴的移动。当出现超程后，应采取如下操作进行超程释放。

第一步，按住"超程释放"键 ◎。

第二步，同时按下超程轴反方向进给键，伺服轴进行移动，进入安全区，即可正常操作。

3. 程序的编辑与录入

在指导教师的指导下，完成下列程序的编辑与录入操作。

将图 1-28 所示的加工程序输入到 CNC 系统中，操作步骤如下：

第一步，建立一个新程序。以建立 O0001 程序为例，操作流程如下：

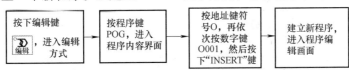

第二步，输入图 1-28 所示的程序。

先输入 G0 X100 Z50；一个程序段输入完毕，按"换行"键结束，再按"INSERT"键，让程序编号单行显示，在下一行输入程序内容，在每句程序结尾加上分号并换行。

第三步，按照第二步的输入方法可完成其他程序段的输入。

4. 数控机床的自动运行

当上述工作完成后，在指导教师的示范操作和指导下，对数控车床进行自动运行操作。

（1）机床锁住运行操作 操作步骤如下：

O0001	;	（程序名）
N0005	G0 X100 Z50;	（快速定位）
N0010	M12;	（夹紧工件）
N0015	T0101;	（换1号刀执行1号刀偏）
N0020	M3 S600;	（启动主轴，置主轴转速600r/min）
N0025	M8 ;	（开切削液）
N0030	G1 X50 Z0 F600;	（以600mm/min速度靠近切削点）
N0040	W-30 F200;	
N0050	X80 W-20 F150;	
N0060	G0 X100 Z50;	（快速退回定位点）
N0070	T0100;	（取消刀偏）
N0080	M5 S0;	（停止主轴）
N0090	M9;	（关切削液）
N0100	M13;	（松开工件）
N0110	M30;	（程序结束，关主轴、切削液）
N0120	%	

图 1-28 加工程序

第一步，按下"自动"键，机床进入自动操作方式。

第二步，按下"机床锁"键，此时机床锁住运行指示灯 ○ 亮，机床进入锁住运行状态。

第三步，按下"循环启动"键，程序自动运行。

（2）机床的自动运行操作　操作步骤如下：

第一步，选择自动操作方式。

第二步，选择要执行的程序。

第三步，按下循环启动键，自动加工循环开始。

第四步，程序执行完毕，循环启动键指示灯灭，加工循环结束，程序返回到开头，准备执行下一次操作。

操作完毕，切断电源，清扫场地。

三、项目测评

完成任务后先按照表 1-11 进行自我测评，再由指导教师评价审核。

表 1-11　测评表

序号	项目	考核内容及要求	配分	评分标准	扣分	得分
1	任务准备	检查工具、资料是否准备齐全	5	工具准备（2分） 资料准备（3分）		
2	电源开启与关闭操作	正确掌握数控车床电源的开启与关闭操作步骤	10	开启电源步骤不正确，扣5分 关闭电源步骤不正确，扣5分		
3	机床回参考点的操作	1. 正确掌握 X 轴回参考点的操作步骤 2. 正确掌握 Z 轴回参考点的操作步骤	10	1. X 轴回参考点不正确，扣5分 2. Z 轴回参考点不正确，扣5分		
4	手动操作	正确掌握手动方式下的功能操作	25	1. 不能正确起动和停止主轴，扣5分 2. 不能正确打开和关闭切削液，扣5分 3. 不能正确操作坐标轴移动，扣5分 4. 不能正确进行手动换刀，扣5分 5. 不能操作超程释放，扣5分		
5	程序输入	正确输入程序	20	1. 不熟悉各编辑键，扣10分 2. 不能正确输入程序，扣10分		
6	自动运行操作	正确掌握自动方式下的功能操作	10	1. 不能正确进行机床锁定的操作，扣5分 2. 不能正确操作循环启动，扣5分		
7	急停操作	正确进行急停操作	10	紧急情况下不能进行急停操作，扣10分		

（续）

序号	项目	考核内容及要求	配分	评分标准	扣分	得分
8	安全文明生产	1. 应符合国家安全文明生产的有关规定 2. 劳保用品齐全	10	违反安全文明生产有关规定不得分		
指导教师评价					总得分	

【思考与练习】

一、填空题（将正确答案填在横线上）

1. FANUC 系统的数控机床总面板主要由_____、_____、_____和_____等组成。

2. 数控机床开机步骤包括：①_____；②_____；③_____；④_____。

二、选择题（将正确答案序号填在括号里）

1. 数控机床工作时，当发生任何异常现象需要紧急处理时应启动（　　）。

A. 程序停止功能　　　　　　　B. 暂停功能　　　　　　　C. 急停功能

2. 下面（　　）情况下，需要手动返回机床参考点。

A. 机床电源接通开始工作之前

B. 机床停电后，再次接通数控系统电源时

C. 机床在急停信号或超程报警信号解除之后，恢复工作时

D. ABC 都是

3. 在"机床锁定"方式下进行自动运行，（　　）功能被锁定。

A. 进给　　　　　　　　　　　B. 刀架转位　　　　　　　C. 主轴

4. 每次接通数控机床电源后、运行数控机床前，首先应做的是（　　）。

A. 给机床各部分加润滑油　　　B. 检查刀具安装是否正确

C. 机床各坐标轴回参考点　　　D. 工件是否安装正确

5. 在 CRT/MDI 面板的功能键中，显示机床现在位置的键是（　　）。

A. POS　　　　　　　　　　　B. PROG　　　　　　　　　C. OFS/SET

6. 在 CRT/MDI 面板的功能键中，用于程序编制的键是（　　）。

A. POS　　　　　　　　　　　B. PROG　　　　　　　　　C. ALARM

7. 在 CRT/MDI 面板的功能键中，用于报警显示的键是（　　）。

A. DGNOS　　　　　　　　　B. ALARM　　　　　　　　C. PARAM

第二章

数控机床电气控制系统的安装

第一节 数控装置

　　20 世纪 70 年代初发展起来的新一代数控系统——计算机数控（CNC）系统，是用一台专用计算机代替先前硬件数控（NC）系统所完成的控制加工功能，实现数字控制的系统，其核心是计算机数控装置（简称数控装置）。20 世纪 70 年代中期开始，大规模集成电路和超大规模集成电路迅速发展，所以计算机数控系统很快便跨入微处理机阶段。随着微处理器（CPU）和微型计算机的发展，数控装置的性能和可靠性不断提高，成本不断下降，推动了数控机床的发展。

一、数控装置的结构与原理

　　数控装置是接收来自信息载体的控制信息并将其转变成数控设备的指令信号的工业计算机，其由硬件和软件两部分组成。硬件为软件的运行提供了支持环境；软件必须在硬件的支持下才能运行。离开软件，硬件便无法工作。

1. 数控装置的硬件结构及工作原理

　　数控装置的硬件结构：按数控装置中各电路板的插接方式，分为大板式结构和模块化结构；按数控装置总体安装结构形式，分为整体式结构和分体式结构；按微处理器的个数，分为单微处理器和多微处理器结构；按数控装置的开放程度，分为 PC 嵌入 NC 式结构、NC 嵌入 PC 式结构、软件型 CNC 结构和基于现场总线的 PC 控制结构等。

　　（1）单微处理器结构　这种结构只有一个微处理器，采用集中控制，分时处理数控设备的各个任务。有的数控装置虽有两个以上的微处理器，但其中只有一个微处理器能够控制系统总线，占有总线资源，而其他微处理器则为专用的智能部件，不能访问主存储器，它们组成主从结构，这类结构也属于单微处理器结构，如图 2-1 所示。从图中可看到，数控装置的硬件组成部分主要有微处理器及总线、存储器、输入/输出（I/O）接口、位置控制器、显示设备接口、数控机床用可编程序控制器（PLC）接口和通信及网络接口等。

　　单微处理器结构的特点：

　　1）数控系统中只有一个微处理器，对各种任务实行集中控制分时处理。

　　2）微处理器通过总线与存储器、I/O 控制等接口电路相连，构成数控系统。

　　3）结构简单，容易实现。

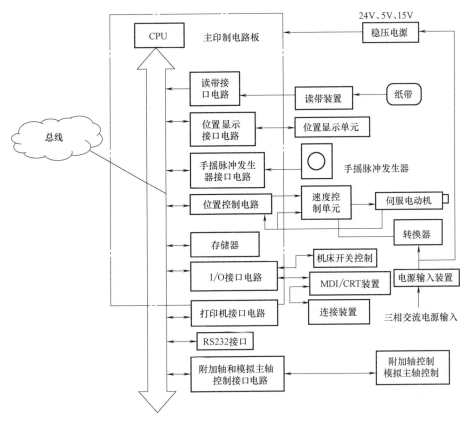

图 2-1　单微处理器数控系统结构框图

（2）多微处理器结构　多微处理器由两个或两个以上的微处理器来构成处理部件。各处理部件之间通过一组公用地址和数据总线进行连接，每个微处理器共享系统公用存储器或I/O接口，每个微处理器分担系统的一部分工作，从而将在单微处理器的数控装置中顺序完成的工作转为多微处理器的并行、同时完成的工作，因而大大提高了整个系统的处理速度。多微处理器结构的数控装置大都采用模块化结构，根据设备要求选用功能模块构成数控装置，常见的有 6 种基本功能模块，如果希望扩充功能，则可以再增加相应的模块。表 2-1 所列为多微处理器结构数控装置的基本功能模块。如果某个模块出了故障，其他模块仍能工作，可靠性高。由于硬件一般是通用的，容易配置，因此只要开发新的软件就可以构成不同的数控装置，这样便于组织规模生产，能够形成批量生产并保证质量。

表 2-1　数控装置的基本功能模块

序号	基本功能模块	功　能
1	数控管理模块	它具有管理和组织整个数控系统工作过程的职能。例如系统初始化、中断管理、总线裁决、系统出错识别和处理、系统软/硬件诊断等
2	存储器模块	它是存放程序和数据的主存储器，也可以是各功能模块间传送数据用的共享存储器
3	数控插补模块	它能够对工件加工程序进行译码、刀具补偿、坐标位移量计算和进给速度处理等插补前的预处理工作，然后按给定的插补类型和轨迹坐标进行插补计算，并向各个坐标轴发出位置指令值

（续）

序号	基本功能模块	功　　能
4	位置控制模块	它将插补后的坐标位置指令值与位置检测单元反馈回来的实际位置值进行比较，并进行自动加减速、回基准点、伺服系统滞后量的监视和漂移补偿，最后得到速度控制的模拟电压，去驱动进给电动机
5	PLC 模块	它能够对加工程序中的开关功能和来自机床的信号进行逻辑处理，以实现各功能与操作方式之间的联锁。例如机床电气设备的起动与停止、刀具交换、回转工作台分度、工件数量和运行时间的计算等
6	数据输入、输出和显示模块	它包括加工程序、参数、数据和各种操作命令的输入和输出以及显示所需要的各种接口电路

1）多微处理器数控装置的结构类型。

① 共享存储器结构。多微处理器共享存储器的结构框图如图 2-2 所示。其中包括 4 个微处理器，分别承担 I/O、插补、伺服功能、零件程序编写和 CRT 显示功能，适用于 2 坐标轴的车床，3、4、5 坐标轴的加工中心。该系统主要有 4 个子系统和 1 个公共数据存储器，每个子系统按照各自存储器所存储的程序执行相应的控制功能（如插补、轴控制、I/O 等）。

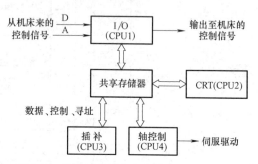

图 2-2　多微处理器共享存储器的结构框图

这种分布式处理器系统的子系统之间不能直接进行通信，都要同公共数据存储器通信。在公共数据存储器板上有优先级编码器，规定伺服功能微处理器级别最高，其次是插补微处理器、再次是 I/O 微处理器等。当两个以上的微处理器同时请求时，优先编码器决定先接受的请求，对该请求发出承认信号；相应的微处理器接到信号后，便把数据存储到公共数据存储器的规定地址中，其他子系统则从该地址读取数据。

② 共享总线结构。以系统总线为中心的多微处理器结构，称为多微处理器共享总线结构。数控装置中的各功能模块分为带有微处理器的主模块和不带微处理器的各种（RAM/ROM，I/O）从模块两大类。所有主、从模块都插在配有总线插座的机柜内，共享标准系统总线。系统总线的作用是把各个模块有效地连接在一起，依靠公共存储器来实现各模块之间的通信，按要求交换数据和控制信息，构成一个完整的系统，实现各种预定的功能。公共存储器直接插在系统总线上，有总线使用权的主模块都能访问，可供任意两个模块交换信息。多微处理器共享总线的结构框图如图 2-3 所示。

2）多微处理器的结构特点。

① 性价比高。多微处理器结构中的每个微处理器完成系统中指定的一部分功能，独立执行程序。它比单微处理器提高了计算处理速度，适于多轴控制、高进给速度、高精度、高效率的控制要求。由于系统采用共享资源，而单个微处理器的价格又比较便宜，使数控装置的性能价格比大为提高。

② 采用模块化结构，具有良好的适应性和扩展性。多微处理器的数控装置大都采用模块化结构，可将微处理器、存储器、I/O 控制组成独立级的硬件模块，相应的软件也采用模块结构，固化在硬件模块中。硬、软件模块形成特定的功能模块，模块间接口是固定的，并

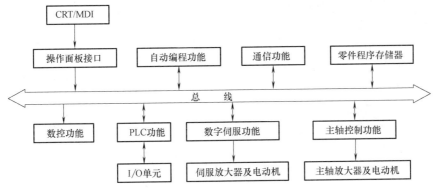

图 2-3　多微处理器共享总线的结构框图

有明确的定义，彼此可以进行信息交换。这样可以使数控装置设计简单、适应性强、扩展性好、调整维修方便、结构紧凑、效率高。

③ 硬件通用性强。由于硬件是通用的，容易配置，只要开发新的软件就可构成不同的数控装置，因此多微处理器结构便于组织规模生产，且易保证质量。

④ 可靠性高。多微处理器数控装置的每个微处理器分管各自的任务，形成若干模块。如果某个模块出了故障，其他模块仍能照常工作，而单微处理器的数控装置一旦出故障就造成整个系统瘫痪。另外，多微处理器的数控装置可资源共享，省去了一些重复机构，不但降低了成本，也提高了系统的可靠性。

2. 数控装置的软件结构及工作过程

（1）数控装置的软件组成　数控装置的软件主要分为管理软件和控制软件。管理软件包括零件数控加工程序或其他辅助软件，存放在随机存储器（RAM）中。控制软件是为实现数控系统各项功能所编制的专用软件，存放在可擦可编程只读存储器（EPROM）中，一般包括系统管理程序、输入数据处理程序、插补运算程序、速度控制程序和诊断程序等。数控装置的软件组成如图 2-4 所示。

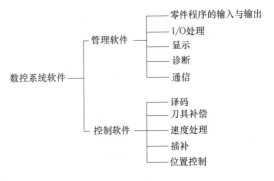

图 2-4　数控装置的软件组成

（2）数控装置的软件结构　数控装置在同一时间或同一时间间隔内完成两种以上性质相同或不同的工作，因此需要对装置软件的各功能模块实现多任务并行处理。在数控软件设计中，常采用资源分时共享并行处理和资源重叠流水并行处理技术。资源分时共享并行处理适用于单微处理器系统，主要采用对微处理器的分时共享来解决多任务的并行处理。资源重叠流水并行处理适用于多微处理器系统，是指在一段时间间隔内处理两个或多个任务，即时间重叠。由于两种技术处理方式不同，相应的数控软件也可设计成不同的结构形式。不同的软件结构对各项任务的安排方式不同，管理方式也不同。常见的数控软件结构形式有前后台型和中断型。

1）前、后台型结构形式。将整个数控软件分为前台程序和后台程序。前台程序为实时中断程序,承担几乎全部的实时任务,实现插补、位置控制和数控机床开关逻辑控制等实时功能。后台程序也称为背景程序,是一个循环运行程序,实现数控加工程序的输入、预处理和管理等任务。在后台程序的循环运行过程中,前台实时中断程序不断地定时插入,两者密切配合,共同完成零件的加工任务。图 2-5 所示为前后台程序运行关系图。

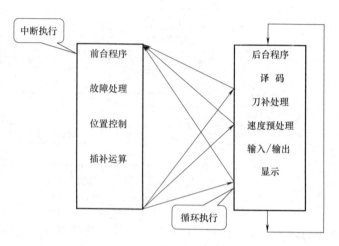

图 2-5 前后台程序运行关系图

2)中断型结构形式。中断型软件结构的特点是除了初始化程序之外,整个系统软件的各种功能模块分别安排在不同级别的中断服务程序中,整个软件就是一个庞大的中断系统。其管理功能主要通过各级中断服务程序之间的相互通信来解决,如图 2-6 所示。

一般在中断型结构的数控软件系统中,控制 CRT 显示的模块为低级中断(0 级中断),只要系统中没有其他中断级别请求,总是执行 0 级中断,即系统进行 CRT 显示。其他程序模块,如译码处理、刀具中心轨迹计算、键盘控制、I/O 信号处理、插补运算、终点判别、伺服系统位置控制等处理,分别具有不同的中断优先级别。开机后,系统首先进入初始化程序,进行初始化状态的设置、

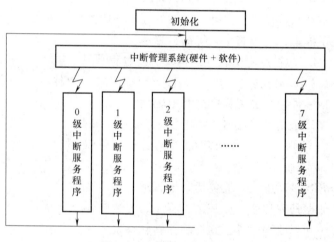

图 2-6 中断型软件结构

ROM 检查等工作。初始化后,系统转入 0 级中断 CRT 显示处理。此后系统就进入各种中断处理,整个系统的管理是通过每个中断服务程序之间的通信来实现的。

(3)数控装置软件的工作过程 数控装置软件是一系列能够完成各种功能的程序的集合。它在硬件环境支持下,按照系统监控软件的控制逻辑,对系统初始化、程序的输入、译码处理、刀具补偿、速度处理、插补运算、位置控制、I/O 接口处理、显示和诊断处理等进行控制。

1)开机初始化。数控系统接通电源以后,首先运行初始化程序,为整个数控装置正常工作做准备。开机初始化程序主要完成以下任务。

① 对 RAM 作为工作寄存器的单元设置初始状态,一般的单元就是清零;对一些特殊的单元,如各级中断保护区的返回地址寄存单元,置为该中断服务程序入口地址及设置堆栈栈

底地址等。

② 对 ROM 进行奇偶校验。如果检查发现奇偶有错，则初始化停止进行，程序直接转入 ROM 出错处理，报警信号显示主板出错。

③ 为数控系统正常进行而设置一些所需的初始状态，如零件程序存储器区域设置、在 AS 区域设初始位等。

2）程序的输入。数控装置开始工作时，首先通过输入设备把零件加工程序、控制参数和补偿数据输入到数控装置中，然后将数控代码由外码（ISO、EIA 码）转换为数控内码，并送入存储器存储或直接去译码。早期程序的输入是用纸带阅读机和键盘来进行的，现代程序还可以通过通信方式［直接数字控制（DNC）］、网络方式以及磁盘、磁带、U 盘等其他方式输入。

3）译码处理。译码就是把零件程序段的各种工件轮廓信息（如起点、终点、直线或圆弧等）、加工速度 F 和其他辅助信息（M、S、T）按一定规律翻译成计算机系统能识别的数据形式，并按系统规定的格式存放在译码结果缓冲器中。在译码过程中，还要完成对程序段的语法检查，若发现语法错误，立即报警。

4）刀具补偿。根据刀具参数，确定刀具长度补偿和刀具半径补偿量。通常情况下，数控装置的零件程序以零件轮廓轨迹编程，但是数控装置实际控制的是刀具中心轨迹而不是刀尖轨迹。刀具补偿的作用是把零件轮廓轨迹转变成刀具中心轨迹，以保证零件的加工精度。

5）进给速度处理。编程所给的刀具移动速度，是在各坐标轴的合成方向上的速度，根据合成速度计算各运动坐标的分速度，同时按机床允许的最低速度、最高速度、最大加速度和最佳升降速度规划，进行速度处理。

6）插补运算。插补是指数控机床能够实现的线性加工能力，就是在工件轮廓的某起始点和终止点之间进行"数据密化"，并求取中间点的过程。插补精度直接影响工件的加工精度，而插补速度决定了工件的表面粗糙度和加工速度，所以，差补功能越强，说明数控系统能够加工更多更复杂的轮廓。大多数数控系统都具有直线和圆弧插补功能，而一些高档数控系统能够插补椭圆、抛物线、螺旋线等复杂曲线。

7）位置控制。数控系统中的伺服系统把数控装置给的位移指令转换成机床移动部件的位移，然后再经过位置检测元件把实际位移量反馈给数控装置，数控装置再通过软件对位置进行调整，再一次向伺服系统输出实际需要的进给量。同时，还要完成位置回路的增益调整、各坐标轴的螺距误差补偿和反向间隙补偿，以提高机床的定位精度。

8）显示。数控装置的显示主要是为操作者提供方便，通常用于零件程序的显示、参数显示、刀具位置显示、机床状态显示、报警显示等。有些数控装置中还有刀具加工轨迹的静态和动态图形显示。

9）I/O 处理。主要进行数控装置面板开关信号、机床电气信号的输入、输出和控制，如换刀、换档、冷却等。

10）诊断处理。在程序运行中，由诊断程序及时发现系统故障，并指出故障类型，或在运行前或故障发生后，诊断程序及时检查微处理器、存储器、接口、开关、伺服系统等主要部件的功能是否正常，并指出故障发生的部位。

3. 数控装置的特点及功能

（1）数控装置的特点

1）灵活通用。硬件系统采用模块化结构，易于扩展，通过变换软件还可以满足被控设备的各种不同要求。接口电路的标准化大大方便了生产厂家和用户，用同一种数控系统就可以满足多种数控设备的要求。

2）控制功能的多样化。数控装置利用计算机强大的运算能力，可实现许多复杂的控制功能，如在线自动编程、加工过程的图形模拟、故障诊断、机器人控制以及网络化控制等。

3）使用可靠、维修方便。由于目前普遍采用大容量存储器存储零件程序，无需读带机直接参与工作，大大减小了故障率。另外，因为许多功能由软件实现，所以硬件所需元器件大为减少，从而提高了系统的性能和可靠性。数控装置的诊断程序可以提示故障部位，减少了维修的停机时间。其编辑功能对编制程序十分方便，编好零件程序后可以显示程序，甚至可通过空运行显示刀具轨迹，检验程序的正确性。

4）易于实现机电一体化。数控系统具有很强的通信功能，便于与直接数字控制（DNC）系统、柔性制造系统（FMS）和计算机集成制造系统（CIMS）进行通信联络。同时大规模集成电路的采用，使硬件元器件数目大为减少，使数控装置结构紧凑，可与机床结合在一起。

（2）数控装置的功能　数控装置的功能通常包括基本功能和选择功能。基本功能是数控系统必备的功能，选择功能是可供用户根据机床特点和工作用途进行选择的功能。数控装置的功能见表 2-2。

表 2-2　数控装置的功能

功　能		功　能　说　明
基本功能	控制功能	主要反映数控装置能够控制以及能够同时控制的轴数（即联动轴数）。控制的轴数越多，特别是联动轴数越多，数控装置就越复杂
	准备功能	指机床动作方式的功能，主要有移动、坐标设定、坐标平面选择、刀具补偿和固定循环等指令。G 代码的使用有模态（续效）和非模态（一次性）两种
	插补功能	指数控装置可实现的插补加工线型的能力，如直线插补、圆弧插补和其他二次曲线与多坐标插补能力
	进给功能	指切削进给、同步进给、快速进给和进给倍率等。它反映刀具进给速度，一般用 F 代码直接指定各轴的进给速度
	刀具功能	用来选择刀具，用 T 和它后面的 2 位或 4 位数字表示
	主轴功能	指定主轴转速的功能，用 S 代码表示。主轴的转向用指令 M03（正转）、M04（反转）指定。机床面板上设有主轴倍率开关，不修改程序就可改变主轴转速
	辅助功能	也称 M 功能，用来规定主轴的起停和转向、切削液的接通和断开、刀库的起停、刀具的更换、工件的夹紧或松开
	字符显示功能	数控装置可通过软件和接口在 CRT 显示器上实现字符显示，如显示程序、参数、坐标位置和故障信息等
	自诊断功能	数控装置有各种诊断程序，可以防止故障的发生和扩大
选择功能	补偿功能	数控装置可以对加工过程中由于刀具磨损、更换刀具、机械传动的丝杠螺距误差和反向间隙所引起的加工误差给予补偿
	固定循环功能	指数控装置为常见的加工工艺所编制的、可以多次循环加工的功能。该固定程序使用前，要由用户选择合适的切削用量和重复次数等参数，然后按固定循环约定的功能进行加工。用户若需编制适合自己的固定循环，可借助用户宏程序功能
	固定显示功能	数控装置一般可配置 14in（约为 35.6cm）彩色 CRT 显示器，能显示人机对话编程菜单、零件图形、动态刀具轨迹等
	通信功能	数控装置通常备有 RS232C 接口，有的还备有 DNC 接口，设有缓冲存储器，可以按数控格式输入，也可以按二进制格式输入，进行高速传输。有的数控装置还能与制造自动协议（MAP）相连，进入工厂通信网络，以适应 FMS、CIMS 的要求
	人机对话编程功能	方便编程，且有助于编制复杂零件的加工程序

二、典型数控装置介绍

1. FANUC（日本发那科）数控装置

日本 FANUC 公司自 20 世纪 50 年代末期生产数控系统以来，已开发出 40 多个系列的数控系统。20 世纪 70 年代中期，FANUC 公司的数控系统大量进入中国市场，在中国数控市场上处于举足轻重的地位。目前，以 F0i/F16i、18i 及 160i/180i/210i/160is/180is/210is-MODEL B、180is-M MODEL B5 最为常见。下面对部分数控装置进行介绍。

1）高性价比的 0i 系列，如图 2-7 所示。该系统具有整体软件功能包，可高速、高精度加工，并有网络功能。其 0i 系列分为两大类：一是 M 类，用于加工中心与铣床；二是 T 类，用于车床。例如 0i-MB/MA 用于加工中心和铣床，4 轴 4 联动；0i-TB/TA 用于车床，4 轴 2 联动，0i Mate 系列主要有 0i Mate-MA/MC 用于铣床，3 轴 3 联动；0i Mate-TA/TB/TD 用于车床。

图 2-7　FANUC 0i/0i Mate 系列数控装置

2）具有网络功能的超小型、超薄型 16i/18i/21i 系列，如图 2-8 所示。该系统的控制单元与 LCD 集成于一体，具有网络功能，可进行超高速串行数据通信。其中 FS16i-MB 的插补、位置检测和伺服控制以纳米（nm）为单位。16i 最大可控制 8 轴，6 轴联动；18i 最大可控制 6 轴，4 轴联动；21i 最大可控制 4 轴，4 轴联动。

3）开放式 160i/180i/210i 系列，如图 2-9 所示。这种开放式数控装置与 PC 功能融合为一体，数控装置和计算机之间通过高速网络连接，可高速传送大批量数据，并实现机床的智能化。如数控机床的图形操

图 2-8　FANUC 16i/18i/21i 系列数控装置

作界面，利用网络功能的信息交换、利用数据库的刀具文件管理等。其中，FANUC 160i/180i/210i 系列是使用 Windows 2000/XP 的高性能开放式数控装置，是一台独立的数控装置，内部具有运行于 Windows 2000/XP 的计算机板，经高速串行总线接口与数控显示单元连接。

FANUC 160is/180is/210is 系列是采用 Windows CE 的高可靠性的开放式数控装置。Windows CE 是面向内嵌用途而开发出来的实现紧凑操作的 O/S（操作系统）。由于这类操作系统采用半导体存储器而不需要硬盘，因而即使在现场环境下也可以确保高可靠性。FANUC 160is/180is/210is 系列具有两种形式：数控装置与显示单元一体型和有计算机板的独立数控装置，后者经高速串行总线与显示器相连。

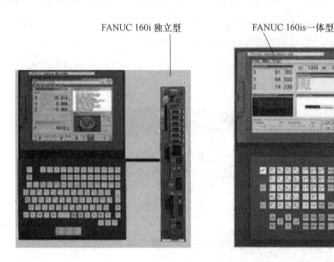

图 2-9　FANUC 160i/180i/210i 系列数控装置

2. 德国西门子数控装置

德国西门子数控系统主要有 SINUMERIK 3/8/810/850/880/820/802/840 等系统。下面主要介绍目前在国内市场应用比较广泛的 810、802、840 等系列数控装置。

1）SINUMERIK 802S/C 系统，如图 2-10 所示。该系统是专门为低端数控机床市场开发的经济型数控系统。802S/C 两个系统具有同样的显示器、操作面板、数控功能和 PLC 编程方法等，所不同的只是 SINUMERIK 802S 带有步进驱动系统，控制步进电动机，可带 3 个步进驱动轴及一个 ±10V 的模拟伺服主轴；SINUMERIK 802C 带有伺服驱动系统，采用传统的模拟伺服 ±10V 接口，最多可带 3 个伺服驱动轴及一个伺服主轴。

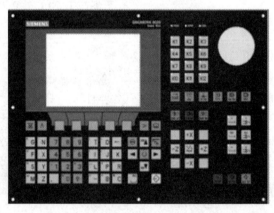

图 2-10　SINUMERIK 802S/C 数控装置

2）SINUMERIK 802D 系统。该系统属于中低档系统，其特点是：全数字驱动，中文系统，结构简单（通过 PROFIBUS 连接系统面板、I/O 模块和伺服驱动系统），调试方便。具有免维护性能的 SINUMERIK 802D 核心部件——控制面板单元（PCU）具有数控、PLC、人机界面和通信等功能，集成的 PC 硬件可使用户非常容易地将控制系统安装在机床上。

3）SINUMERIK 802D SL 系统，如图 2-11 所示。该系统是一种将数控系统（NC、PLC、HMI）与驱动系统集成在一起的控制系统，可连接全数控键盘（垂直型或水平型），支持最多 3 个 PP72/48 I/O 模块、两个 ADI4 模块，支持 MCPA 模块，支持通过 PP72/48 I/O 模块连接的机床控制面板 MCP，或通过 MCPA 模块连接的机床控制面板 MCP 802D SL，通过 PROFIBUS 总线与 PLC I/O 连接通信，通过 Drive-CliQ 总线连接驱动控制系统 SI-NAMICS S120。SINUMERIK 802D SL 系统适用于车削、铣削、磨削和冲压加工等标准机床。

图 2-11　SINUMERIK
802D SL 数控装置

4）SINUMERIK 840C 系统。SINUMERIK 840C 系统水平一直雄居世界数控系统之首，其内装功能强大的 PLC 135WB2，可以控制 SIMODRIVE 611A/D 模拟式或数字式交流驱动系统，适合于高复杂度的数控机床。

5）SINUMERIK 840D/810D/840Di 系统，如图 2-12 所示。840D/810D 是 20 世纪 90 年代中期新设计的全数字化数控系统，具有高度模块化及规范化的结构。它将数控和驱动控制集成在一块板上，将闭环控制的全部硬件的软件集成，便于操作、编程的监控，具有非常高的系统一致性，显示/操作面板、机床操作面板、S7-300PLC、输入/输出模块、PLC 编程语言、数控系统操作、工件程序编程、参数设定、诊断、伺服驱动等许多部件均相同。

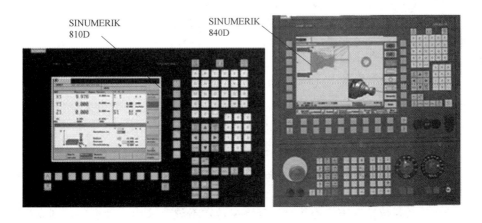

图 2-12　SINUMERIK 840D/810D/840Di 数控装置

3. 华中数控

华中数控系统的产品类型主要有世纪星系列、小博士系列、华中 I 型系列等。华中 I 型系列为高档、高性能数控装置，为满足市场要求，开发了世纪星系列、小博士系列高性能经济型数控装置。

1）华中世纪星系列数控系统。世纪星系列数控系统主要有 HNC-21T、HNC-21/22M、

HNC-18i/18xp/19xp、HNC-210A/B/C 数控装置等型号。图 2-13 所示为华中 HNC-22M。该系统采用先进的开放式体系结构，内置嵌入式工业 PC，配置 7.5in 或 9.4in 彩色液晶显示屏和通用工程面板，集成进给轴接口、主轴接口、手持单元接口、内嵌式 PLC 接口于一体，支持硬盘、电子盘等程序存储方式以及软驱、DNC、以太网等程序交换功能，具有低价格、高性能、配置灵活、结构紧凑、易于使用和可靠性高的特点。该系统主要应用于车、铣、加工中心等各种机床。

 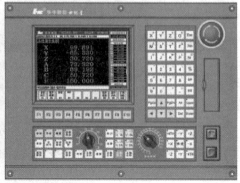

图 2-13　华中 HNC-22M 数控装置

2）华中 I 型（HNC-1）高性能数控系统。该系统是基于通用 32 位工业控制机和 DOS 平台的开放式体系结构，配置灵活。它具有先进的曲面直接插补算法和数控软件技术，可实现高速、高效和高精度的复杂曲面加工；采用汉字用户界面，提供完善的在线帮助功能，具有三维仿真校验和加工过程图形动态跟踪功能，图形显示形象直观。常用的 HNC-1T 是车床数控系统，HNC-1M 是铣床、加工中心数控系统。

3）华中-2000 型高性能数控系统。华中-2000 型数控系统是面向 21 世纪的新一代数控系统，是在华中 I 型（HNC-1）高性能数控系统的基础上开发的高档数控系统。该系统采用通用工业 PC、TFT 真彩色液晶显示器，具有多轴多通道控制能力和内装式 PLC，可与多种伺服驱动单元配套使用，具有开放性好、结构紧凑、集成度高、可靠性好，性价比高和操作维护方便的优点，是适合中国国情的新一代高性能、高档数控系统。

4. 广州数控（GSK）系统

广州数控系统的产品类型主要有 GSK928 系列数控系统、GSK980 系列数控系统、GSK 218 数控系统和 GSK983 系列数控系统等。

1）GSK928 系列数控系统。该系统为经济型数控系统，采用大规模门阵列（CPLD）进行硬件插补，实现高速控制。它采用液晶显示器（LCD）、中文菜单及刀具轨迹图形显示，界面友好，加减速时间可调，可适配反应式步进系统、混合式步进系统或交流伺服系统构成不同档次的数控系统。图 2-14 所示为 GSK928TEII 数控装置。

2）GSK980 系列数控系统。1998 年推出普及型数控系统 GSK980 系列产品，随后出现升级换代产品 GSK980TDa、928TEII、980TB1、GSK980TA2、GSK980TB2（图 2-15）等车床数控系统，该数控系统采用了 32 位嵌入式 CPU 和超大规模可编程器件 FPGA，运用实时多任务控制技术和硬件插补技术，实现了微米级精度的运动控制，可确保高速、高效率加工。

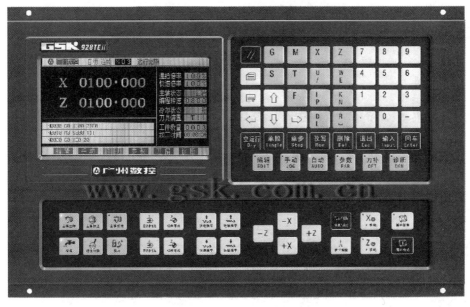

图 2-14　GSK928TEII 数控装置

在保持 GSK980 系列外形尺寸及接口一致的前提下，采用了 7in（1in = 2.54cm）彩色宽屏 LCD 及更友好的显示界面，能实时跟踪显示加工轨迹，增加了系统时钟及报警日志。在操作编程方面，采用 ISO 国际标准数控 G 代码，同时兼容 FANUC 数控系统。

图 2-15　GSK980TB2 数控装置

3）GSK 983 系列数控系统，如图 2-16 所示。该系统采用最新的高集成 FPGA、CPLD 芯片和表面贴装技术，使控制单元的尺寸大大减小；采用了 LCD 显示器，实现了显示单元的薄型化；具有高速、高精度加工功能；最大 5 个进给轴 +1 个主轴控制，内置强大的 PLC、高速缓冲串行 DNC 接口，以高达 38400bit/s 的波特率连接计算机或 U 盘，从而实现了高速度的 DNC 加工，适用于铣床、加工中心。

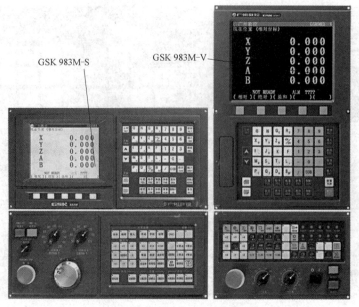

图 2-16 GSK 983 系列数控装置

三、FANUC 0i Mate-TD 数控装置的组成及接口定义

1. FANUC 0i Mate-TD 数控装置组成

FANUC 0i Mate-TD 数控装置把主控单元和 I/O 单元合二为一。主控单元主要包括 CPU、内存、PMC、I/O Link 控制、伺服控制、主轴控制、内存卡 1/F 和 LED 显示等。I/O 单元主要包括电源、I/O 接口、通信接口、MDI 控制、显示控制、手摇脉冲发生器控制和高速串行总线等。

2. FANUC 0i Mate-TD 数控装置主要接口定义

图 2-17 所示为 FANUC 0i Mate-TD 系统后视接口图。

1）FSSB 光缆一般接左边插口（若有两个接口），系统总是从 COP10A 到 COP10B，本系统由左边 COP10A 连接到第一轴驱动器的 COP10B。

2）风扇、电池、软键、MDI 等在系统出厂时均已连接好，不用改动，但要检查是否在运输的过程中有松动。如果有，则需要重新连接牢固，以免出现异常现象。

3）伺服检测口（CA69），不需要连接。

4）电源线一般有两个接口，一个为+24V 输入（左），另一个为+24V 输出（右），每根电源线有三个引脚，电源的正负不能接反，具体接线如下：1 脚 24V、2 脚 0V、3 脚保护地。

5）RS232 接口是与计算机通信的连接口，共有两个，一般接左边，右边为备用接口。如果不与计算机连接，则不用接此线（推荐使用存储卡代替 RS232 口，传输速度及安全性都比串口优越）。

6）模拟主轴的连接。变频模拟主轴信号指令由 JA40 模拟主轴接口引出，控制主轴转速。

7）主轴编码器接口。车床系统一般都装有主轴编码器，反馈主轴转速，以保证螺纹切削的准确性。

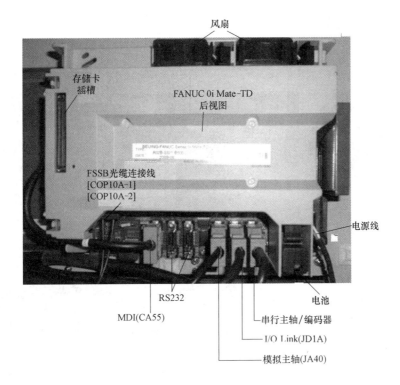

图 2-17 FANUC 0i Mate-TD 系统后视接口图

8）I/O Link（JD1A），本接口连接到 I/O 模块（I/O Link）。

9）存储卡插槽（系统的正面），用于连接存储卡，可对参数、程序及梯形图等数据进行输入/输出操作，也可以进行 DNC 加工。

实训项目三 认识 FANUC 0i Mate-TD 数控装置及接口定义

一、实训目标

1）了解数控装置的基本组成单元。

2）掌握 FANUC 0i Mate-TD 数控装置的接口定义。

二、实训步骤

1. 任务准备

所需材料清单见表 2-3。

表 2-3 常用的材料清单

序号	名　称	型号与名称	数量
1	数控车床综合实训装置（试验台）	天煌 THWLDF-1C（参考型号）	1 台
2	电工常用工具		1 套
3	仪器仪表	自定	1 块
4	实验设备说明书和 FANUC 0i Mate-TD 说明书		各 1 本

2. 认识天煌 THWLDF-1C 型数控车床实训台

图 2-18 所示为天煌 THWLDF-1C 型数控车床维修实训台。

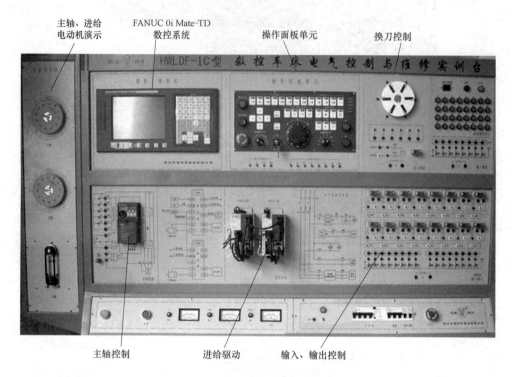

图 2-18　天煌 THWLDF-1C 型数控车床维修实训台

3. 认识 FANUC 0i Mate-TD 数控装置的主面板、接口及定义

图 2-17 所示为 FANUC 0i Mate-TD 数控装置的后视接口图及定义。根据所学知识正确填写表 2-4。

表 2-4　接口与面板基本知识填写

序号	键与接口	定　义
1	INPUT	
2	POS	
3	RESET	
4	CAN	
5	EOB	
6	JA40	
7	JA7A	
8	JD1A	

4. 认识操作面板上的各按键功能

操作面板如图 2-19 所示，参考前面相关知识，完成表 2-5 的填写。

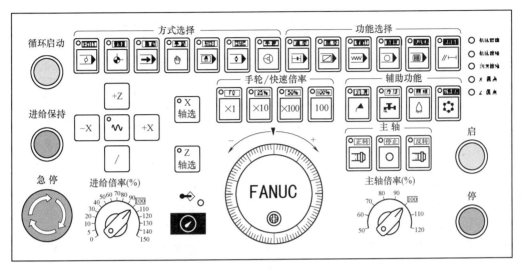

图 2-19 操作面板

表 2-5 操作面板知识填写

序号	操作键	功 能
1	EDIT	
2	参考点	
3	自动	
4	手动	
5	MDI	
6	+Z、–Z	
7	进给倍率	
8	主轴倍率	
9	手轮	

5. 任务结束

断电、收拾工具、清扫卫生。

三、项目测评

完成任务后先按照表 2-6 进行自我测评，再由指导教师评价审核。

表 2-6 测评表

序号	项目	考核内容及要求	配分	评分标准	扣分	得分
1	材料准备	检查工具、资料是否准备齐全	10	工具齐全(5) 资料齐全(5)		
2	DI 键盘及软键开关	理解各键的功能	25	正确理解各键的功能含义(25)		
3	信号接口及定义	1. 认识信号接口 2. 正确理解接口含义	30	1. 认识信号接口(15) 2. 正确理解接口含义(15)		

（续）

序号	项目	考核内容及要求	配分	评分标准	扣分	得分
4	操作面板	理解面板各键的功能，正确操作面板各键	25	1. 正确理解面板各键（12） 2. 正确操作面板各键（13）		
5	安全文明生产	应符合国家安全文明生产的有关规定	10	违反安全文明生产有关规定不得分		
指导教师评价					总得分	

【思考与练习】

一、填空题（将正确答案填在横线上）

1. 数控装置由_____和_____两部分组成。

2. 数控装置按硬件结构分为_____和_____；按数控装置总体安装结构形式分为_____和_____；按微处理机的个数分为_____和_____。

3. 多微处理机结构的数控装置大都采用_____结构，常见的六种基本功能模块是_____、_____、_____和_____。

4. 数控管理模块具有_____和_____整个数控系统工作过程的职能，如系统初始化、_____、_____、_____、_____等。

5. 数控软件在硬件的支持下，实现了对系统_____、_____、_____、_____、_____、_____等方面的控制。

6. 插补是指数控机床能够实现的_____能力，大多数数控系统都具有_____和_____的插补功能。

7. 数控装置中的存储器模块，主要存放_____和_____的存储器。

8. 数控系统的管理软件存放在_____存储器中；控制软件存放在_____存储器中。

9. 数控装置的功能通常包括_____和_____；基本功能包括_____、_____、_____、_____和自诊断功能等。

10. 数控装置对所接收到的信号进行一系列处理后，再将其处理结果以_____形式向伺服系统发出执行命令。

二、选择题（将正确答案序号填在括号里）

1. 数控装置由硬件和软件组成，软件在（   ）的支持下运行。

A. 硬件　　　　　　　B. 存储器　　　　　　C. 显示器　　　　　D. 程序

2. 数控装置的软件由（   ）组成。

A. 控制软件　　　　　B. 管理软件和控制软件两部分　　　　C. 管理软件

3. 数控系统常用的两种插补功能是（   ）。

A. 直线插补和圆弧插补　　　　　　　B. 直线插补和抛物线插补

C. 抛物线插补和圆弧插补　　　　　　D. 螺旋线插补和抛物线插补

4. 下列数控系统中，（　　）是数控车床应用的控制系统。

A. FANUC 0i Mate-MD 　　B. HNC-22M 　　　　C. GSK980TD

三、判断题（将判断结果填入括号中，正确的填"√"，错误的填"×"）

1. 单微处理机结构的数控装置，对数控的各个任务实行集中控制、分时处理。（　　）

2. 多微处理机结构的数控装置大都采用模块化结构。（　　）

3. 数控系统中的控制软件一般包括数控零件加工程序、系统管理程序、输入数据处理程序、插补运算程序、速度控制程序和诊断程序等。（　　）

4. 数控装置的控制功能，主要反映数控装置能够控制以及能够同时控制的轴数。（　　）

5. 刀具补偿可以把零件轮廓轨迹转换成刀具中心轨迹，以保证零件的加工精度。（　　）

四、简答题

1. 简述数控装置软件的工作过程。

2. 简述数控装置的特点。

3. 简述 FANUC 0i-Mate-TD 数控系统的特点。

第二节　交流进给伺服系统

一、进给伺服驱动系统概述

1. 进给伺服驱动系统的组成

进给伺服驱动系统是数控机床的重要组成部分，它是以移动部件（如工作台）的位置和速度作为控制量的自动控制系统。它的功能是接收数控装置发来的指令信号，由执行元件（伺服电动机）将其变换为具有一定方向、大小和速度的机械角位移，通过齿轮和丝杠螺母副带动工作台移动，从而驱动数控机床各运动部件的进给运动。进给伺服驱动系统一般由控制调节器、功率驱动装置、检测反馈装置和伺服电动机组成，如图 2-20 所示。

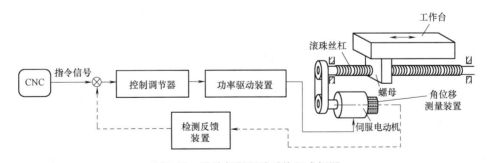

图 2-20　进给伺服驱动系统组成框图

2. 数控机床对进给伺服驱动系统的要求

（1）位置精度要高　位置精度主要包括静态、动态和灵敏度。静态（尺寸精度）：定位精度和重复定位精度要高，即定位误差和重复定位误差要小；动态（轮廓精度）：跟随精度，这是动态性能指标，用跟随误差表示；灵敏度要高，有足够高的分辨率。

（2）响应要快　加工过程中，进给伺服驱动系统跟踪指令信号的速度要快，过渡时间要短，一般应在几十毫秒以内，且无超调，这样跟随误差才小。否则对机械部件不利，会降低加工质量。

（3）调速范围要宽　为保证在任何切削条件下都能获得最佳的切削速度，要求进给伺服驱动系统必须提供较大的调速范围，一般调速范围应达到 1：2000。现有的高性能进给伺服驱动系统已具备无级调速功能，且调速范围在 1：10000 以上。

（4）工作稳定性要好　工作稳定性是指进给伺服驱动系统在突变指令信号或外界干扰的作用下，能够快速地达到新平衡状态或恢复原有平衡状态的能力。工作稳定性越好，机床运动平稳性越高，工件的加工质量就越好。

（5）低速转矩要大　在切削加工中，粗加工一般要求低进给速度、大切削量，为此，要求进给伺服驱动系统在低速进给时输出足够大的转矩，提供良好的切削能力。

3. 进给伺服驱动系统的分类

数控机床的进给伺服驱动系统按有无位置检测反馈装置分为开环、半闭环和闭环控制系统；按驱动电动机的类型分为步进伺服驱动系统、直流伺服驱动系统和交流伺服驱动系统三大类。目前由于直流伺服电动机有电刷和机械换向器，使结构与体积受限制，现已被交流伺服电动机取代。为了便于学习，本节重点介绍步进伺服驱动系统和交流伺服驱动系统。

二、步进伺服驱动系统及工作原理

1. 步进伺服驱动系统

步进伺服驱动系统是最经济的开环位置控制系统，主要由步进驱动器、步进电动机和减速传动机构组成，如图 2-21 所示。目前，在中、低档数控机床及普通机床改造中经常采用步进伺服驱动系统。

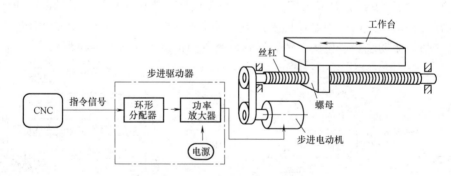

图 2-21　步进伺服驱动系统组成框图

（1）步进电动机　步进电动机又称为脉冲电动机，是一种将电脉冲信号转化为机械角位移的电磁机械装置，如图 2-22 所示。在非超载的情况下，电动机的转速、停止的位置只取决于脉冲信号的频率和脉冲数，而不受负载变化的影响。当步进驱动器接收到一个脉冲信号时，它就驱动步进电动机按设定的方向转动一个固定的角度，运行中可以通过控制脉冲个数来控制角位移量，从而达到准确定位的目的；同时可以通过控制脉冲频率来控制步进电动机转动的速度和加速度，从而达到调速的目的。

常用的步进电动机有反应式、永磁式和混合式三种。反应式步进电动机一般为三相，可实现大转矩输出，步距角一般为 1.5°，但噪声和振动都很大，现已被淘汰；永磁式步进电动机一般为两相，转矩和体积较小，步距角一般为 7.5°或 15°；混合式步进电动机综合了永磁式和反应式的优点，它又分为两相、三相和五相等，两相步距角一般为 1.8°，五相步距角一般为 0.72°。混合式步进电动机的应用最为广泛。

图 2-22　步进电动机

（2）步进驱动器　步进驱动器完成由弱电到强电的转换和放大，也就是将逻辑电平信号转换成电动机绕组所需的具有一定功率的电流脉冲信号。步进驱动器由环形分配器和功率放大器组成，如图 2-21 所示。环形分配器用于控制步进电动机的通电方式，其作用是将数控装置送来的一系列指令脉冲按照一定的顺序和分配方式加到功率放大器上，控制各相绕组的通电、断电。功率放大器主要是将环形分配器输出的脉冲放大，用于控制步进电动机的运转。

图 2-23 所示为广州数控 DY3B 型三相混合式步进驱动器。该驱动器内部采用 SPWM（正弦脉宽调制）正弦波驱动，数字技术实现矢量细分，电动机旋转定位精度高、运行平稳噪声低；选用三菱公司智能功率模块（IPM），耐电压冲击力强，稳定性好，具有过载、短路、过电压、过热保护等完善的功能，此电路可以使电动机运行平稳，几乎没有振动和噪声，电动机在高速时，转矩大大高于两相和五相混合式步进电动机。

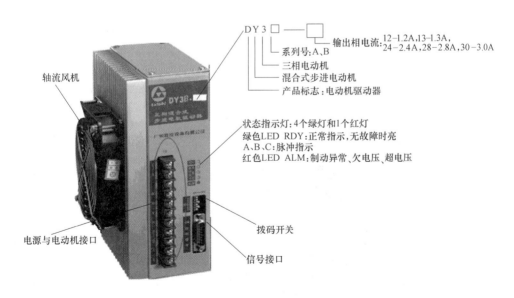

图 2-23　广州数控 DY3B 型三相混合式步进驱动器

1）技术参数。表 2-7 为 DY3B 型步进驱动器的技术参数。

表 2-7　DY3B 型步进驱动器的技术参数

输入电源	AC 220V　−15%～10%　50Hz/60Hz　3A(最大值)
输出相电流	相电流有效值不大于 4.5A
适配电动机	三相混合式步进电动机(步距角 0.6°)
工作环境	0～45℃,10%～85%RH,不结露,无腐蚀性、易燃、易爆、导电性气体、液体和粉尘
存放环境	−20～80℃,10%～85%RH,不结露
驱动方式	PWM(脉宽调制)恒流斩波,三相正弦波电流输出
步距角	可由用户设定:0.036°、0.045°、0.06°、0.072°、0.075°、0.09°、0.12°、0.144°、0.18°、0.30°、0.36°、0.45°、0.6°、0.72°、0.75°
对应电动机每转脉冲	10000、8000、6000、5000、4800、4000、3000、2500、2000、1200、1000、800、600、500、480
步距角设定方式	DIP 开关(SW1、SW2、SW3、SW5)设定
输入信号	CP/$\overline{CP}$(脉冲);DIR/$\overline{DIR}$(方向);EN/$\overline{EN}$(使能)
输入电平	5V,5～10mA,12V 时串入 1kΩ 电阻,24V 时串入 2.2kΩ 电阻,输入回路有电流时输入有效
位置脉冲输入方式	单脉冲方式:CP(脉冲)+DIR(方向) 脉冲宽度≥1μs;脉冲频率≤100kHz; 换向时,DIR(方向)信号超前 CP(脉冲)信号≥10μs
输出信号	RDY1/RDY2(准备好);无报警时接通,负载 30V、0.5A(最大值)
断电相位记忆	驱动断电后自动记忆当前相位
自动减电流锁定	当输入脉冲停止 3s 后,锁定电流自动减半
保护功能	超温、制动异常、欠电压、超电压、IPM 模块异常
状态指示	绿色 LED RDY:正常指示,无故障时亮 A、B、C:脉冲指示 红色 LED ALM:制动异常、欠电压、超电压、超温、IPM 模块异常时亮
外形尺寸	244mm×163mm×92mm
质量	2.7kg

2)信号接口。信号接口及定义见表 2-8。

表 2-8　信号接口及定义

引脚	端子名	信号说明
1	CP+	脉冲信号(正端)输入
9	CP−	脉冲信号(负端)输入
2	DIR+	方向电平信号(正端)输入
10	DIR−	方向电平信号(负端)输入
3	EN+	使能信号(正端)输入
11	EN−	使能信号(负端)输入
6	RDY1	准备好信号
14	RDY2	准备好信号

3)电源接口与电动机接口。电源输入为交流 220V,并从 L/N 端并联到 r/t 端。电动机

的三根引出线可任意接 U/V/W 接线端，如果电动机方向错误，可先关掉电源，再任意调换 2 个电动机线的插头位置。

4）拨码开关。驱动器设有六个拨码开关 SW1～SW6，四个拨码开关 SW1、SW2、SW3、SW5 为步距角设置开关，共设置 15 种不同步距角，见表 2-9。两个拨码开关 SW4 和 SW6 作为输出驱动器电流粗调功能开关，见表 2-10。

表 2-9 拨码开关位置与步距角的对照

开关位置	SW1	ON	OFF	ON	OFF	ON	OFF	ON	OFF	ON	OFF	ON	OFF	ON	OFF	ON
	SW2	OFF	ON	ON	OFF	OFF	ON	OFF	OFF	ON	ON	OFF	ON	OFF	ON	ON
	SW3	OFF	OFF	OFF	ON	ON	ON	OFF	ON	OFF	ON	OFF	ON	OFF	ON	ON
	SW5	OFF	OFF	OFF	OFF	OFF	OFF	ON	ON	ON	ON	ON	ON	OFF	ON	ON
步距角/(°)		0.036	0.072	0.06	0.144	0.09	0.12	0.18	0.30	0.36	0.45	0.6	0.72	0.045	0.75	0.075

表 2-10 拨码开关位置与输出电流对照表

开关位置	SW4	ON	OFF	ON	OFF
	SW6	ON	ON	OFF	OFF
电流值		满电流	满电流×0.8	满电流×0.6	满电流×0.4

5）驱动器与 GSK980T 系统连接。图 2-24 所示为 DY3B 型驱动器与 GSK980T 系统连接图。

【操作提示】

①电源线和电动机线有较大电流通过，接线时一定要接牢，端子要压紧；②驱动器和步进电动机必须可靠接地，信号线必须采用屏蔽电缆；③不得带电拔插各种电源、电动机和信号插头，否则将引起不良后果。

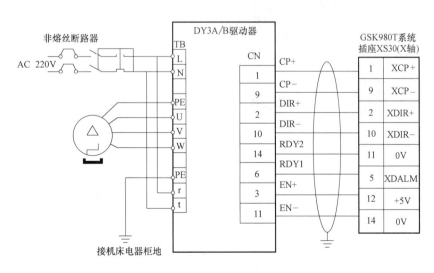

图 2-24 DY3B 型驱动器与 GSK980T 系统连接图

2. 步进伺服驱动系统的工作原理

（1）工作台位移量的控制 数控装置发出 N 个脉冲，经驱动线路放大后，使步进电动机定子绕组通电状态变化 N 次，如果一个脉冲使步进电动机转过的角度为 α，则步进电动机转过的角位移量 $\phi = N\alpha$，再经减速齿轮、丝杠、螺母之后转变为工作台的位移量 L，即进给脉冲数决定了工作台的直线位移量 L。

（2）工作台进给速度的控制　数控装置发出的进给脉冲频率为 f，经驱动控制电路，表现为控制步进电动机定子绕组的通电、断电状态的电平信号变化频率，定子绕组通电状态变化频率决定步进电动机的转速，该转速经过减速齿轮及丝杠、螺母之后，表现为工作台的进给速度 v，即进给脉冲的频率决定了工作台的进给速度。

（3）工作台运动方向的控制　改变步进电动机输入脉冲信号的循环顺序方向，就可改变定子绕组中电流的通断循环顺序，从而使步进电动机实现正转和反转，相应的工作台移动方向就被改变。

三、交流伺服驱动系统及工作原理

1. 交流伺服电动机

数控机床中常用的交流伺服电动机按种类可分为同步型和异步型（感应电动机）两种。交流伺服同步电动机有永磁式、磁阻式（反应式）、磁滞式和绕组磁极式等。目前，在控制领域中所采用的交流伺服电动机一般为同步电动机（无刷直流电动机），电动机主要由定子、转子和检测元件三部分组成，其中定子与普通的交流感应电动机基本相同，主要由定子冲片、三相绕组、支撑转子的前后端盖和轴承等组成，伺服电动机的转子主要由多对磁极的磁钢和电动机轴构成，检测元件由安装在电动机尾端的位置编码器构成。图 2-25 所示为 FANUC 交流伺服电动机。

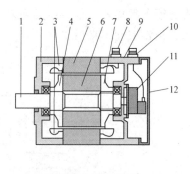

a) FANUC交流伺服电动机　　　　　　b) 交流伺服电动机的结构

图 2-25　交流伺服电动机

1—电机轴　2—前端盖　3—三相绕组　4—压板　5—定子　6—磁钢　7—后压板　8—动
力线插头　9—后端盖　10—反馈插头　11—脉冲编码器　12—电动机后盖

交流伺服电动机的工作原理实际上与电磁式同步电动机类似，只不过磁场不是由转子中的励磁绕组产生的，而是由作为转子的永久磁铁产生的。当定子三相绕组通上交流电后，电动机中就会产生一个旋转的磁场，该磁场将以同步转速 N_s 旋转。根据磁场的特性，定子的旋转磁极总是要和转子的旋转磁极相互吸引，并带着转子一起转动，使定子磁场的轴线与转子磁场的轴线保持一致，形成电动机的转矩。由于电动机的转子惯量、定子和转子之间的转速差等因素的影响，经常会造成电动机起动时的失步。为了保证定子和转子之间总是处于一定的同步状态，在电动机后面的编码器都增加了确定转子位置的绝对位置编码器。FANUC系统中的电动机使用的是 4 位格林码绝对位置编码器，用于确定转子信息。目前，常用的FANUC 伺服电动机有 αi 系列和 βi 系列；西门子伺服电动机有 1FK7 系列和 1FK6 系列，如图 2-26 所示。

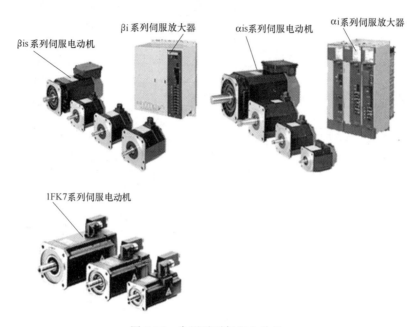

图 2-26　常用系列伺服电动机

2. 模拟式交流伺服控制原理

目前所应用的伺服放大器的控制已经完全数字化，其伺服控制的结构已经完全软件化了。但是，其基本的结构和原理都源于模拟式交流伺服控制结构和原理，所以首先要学习模拟式交流伺服系统的控制原理。图 2-27 所示为典型的伺服控制原理框图，具有位置环、速度环和电流环三环控制。

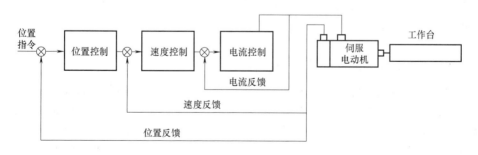

图 2-27　典型的伺服控制原理框图

（1）位置环的控制原理　位置控制作为数控系统的主要控制工作之一，决定着系统进行位置控制的性能优劣。位置环作为伺服控制系统的最外环，以位置指令作为控制对象。在FANUC 系统中，位置环控制系统是在系统内部完成的。为了提高系统的集成度和可靠性，FANUC 采用了大规模集成电路芯片（LSI），每一个控制轴需要 1 片，该芯片使用先进的加工工艺，大大地降低了芯片的温升。该芯片功能强大，包括了插补器、位置误差计数器、D-A转换器、参考计数器、螺距误差补偿、反向间隙补偿、增益计算、脉冲编码器鉴相器、用于感应同步器的鉴相和正弦余弦发生器电路等，如图 2-28 所示。

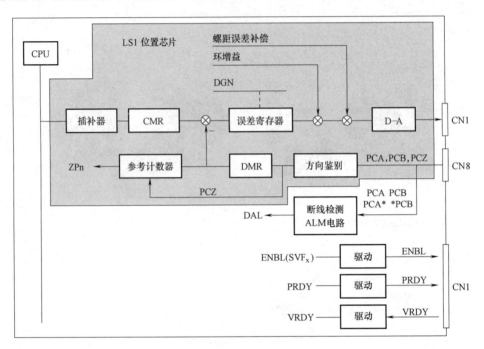

图 2-28　位置环控制框图

在图 2-28 中，首先系统发出的位置指令通过总线给 LSI 中的插补器，插补器会产生一系列指令脉冲，该指令脉冲经过 CMR 乘积后输出到位置误差寄存器中，而电动机反馈的脉冲编码器的脉冲经过方向鉴别电路以后也被处理成了一系列脉冲，该脉冲经过检测倍乘比（DMR）乘积后也输出到位置误差寄存器中。位置误差寄存器为一双向计数器，用于积分计算。当指令值与反馈值的差增大时，计数器的数值增大；当指令值与反馈值的差减小时，计数器的数值减小。计数器的数值与环增益的乘积即为速度环的速度指令，该指令经 D-A 转换后，作为速度控制单元的速度指令模拟信号（Vcmd）。而实际上位置控制环的处理中包括了丝杠反向间隙和螺距误差补偿信号。在位置控制 LSI 中也包括了用于栅格回零的参考计数器控制电路，该电路用于确定坐标的机械零点。

除了位置控制电路以外，还有 PRDY 伺服准备信号、VRDY 伺服准备完成信号和 ENBL 信号，用于系统监测和控制速度控制单元的状态。当系统的电源打开后，系统在伺服初始化过程中，会发出 PRDY 信号，速度控制单元如工作正常，则会发回一个 VRDY 信号，作为速度单元工作正常的回答，系统则进入正常工作状态。一旦没有接收到 VRDY 信号，系统就会发生 ALM#401 报警，其伺服准备时序如图 2-29 所示。

（2）模拟式交流速度控制原理　交流速度控制单元包括伺服控制的电流环和速度环的双环控制系统，它将位置环发出的 Vcmd 指令经过运算和放大后，驱动三相变频电路产生与电动机转子相对应的交流旋转磁场，该旋转磁场使电动机的转子产生旋转力矩。如图 2-30 所示为速度控制单元控制框图，在图中上半部分为速度控制单元，下半部分为速度控制单元

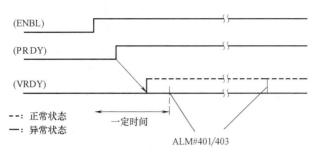

图 2-29 伺服准备时序

的动力变频部分。

速度控制单元主要由速度误差放大器、R/S 相的电流指令发生电路、三相 R/S/T 电流环的调节器电路、PWM 脉宽调制电路、隔离驱动电路以及编码器鉴相电路和三角波发生器电路组成。在速度控制单元中，速度指令 Vcmd 和速度反馈信号 TSA 都被输入到误差放大器中，经过误差放大器的补偿后作为控制电动机的电流（转矩）指令。由于交流伺服电动机要根据转子的位置产生交流的旋转磁场，所以转子位置检测电路根据位置编码器传送来的信号 C1~C8、PCA 和 PCB 而产生 R/T 相的电流指令，该电流指令和电动机动力线 R/T 相电流相减后被输送到电流环的调节器中，该部分即输出了三相电流指令，该指令经过三角波调制后产生用于驱动六个晶体管的 PWM 脉冲信号，该信号再经过隔离后用于驱动 A~F。

动力变频部分为主电路，该部分主要由整流电路、变频电路和保护电路组成。整流电路将三相交流电源整流成直流电源；变频电路利用驱动信号 PWMA~F 将直流电源变换成交流电源，用于驱动交流电动机。

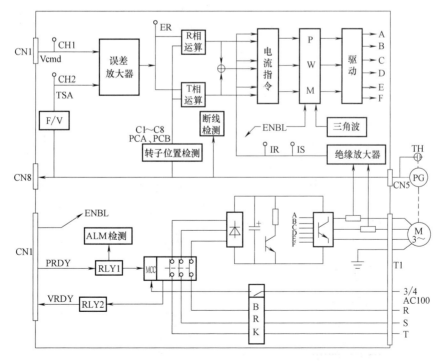

图 2-30 速度控制单元控制框图

59

（3）数字式交流伺服系统控制原理　在模拟交流伺服系统中，位置控制是系统中的一部分，由大规模集成电路 LSI 控制完成，而伺服控制的速度、电流和驱动是由速度控制单元来控制完成的。在全数字伺服系统中，速度环和电流环都是由单片机控制的。在 FANUC 系统中，该部分在系统内部。该伺服部分作为系统控制的一部分，通常叫作轴卡。该部分实现了位置、速度和电流的控制，最终将 PWM 信号输出到伺服放大器中。图 2-31 所示为数字伺服控制框图，图 2-32 所示为交流伺服放大器框图。

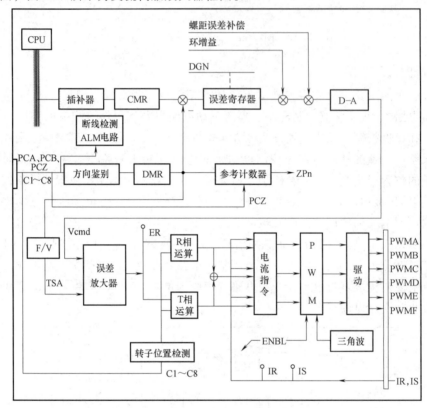

图 2-31　数字伺服控制框图

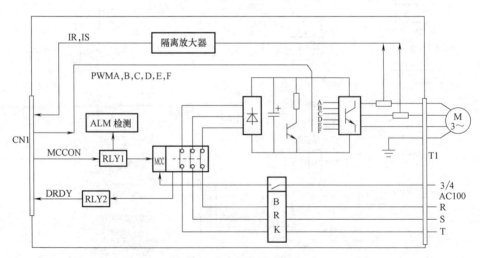

图 2-32　交流伺服放大器框图

交流数字伺服系统与交流模拟伺服系统的控制原理是相同的，所不同的是两者实现的结构有极大的区别：第一，伺服数字化以后，改变了以往的控制结构，使原来伺服控制的三环控制全部由系统侧实现，现在的伺服放大器则变成了真正的伺服功率放大器；第二，系统侧的伺服控制部分（轴控制卡）是一个子 CPU 系统，采用了高速的 DSP 处理芯片，具有高速高精度的运算能力；第三，由于伺服系统的软件化，使伺服系统能够完成模拟系统不能完成的非线性补偿和高速加工的一些特殊的功能，提高了伺服系统的自适应能力；第四，由于伺服系统的数字化，使伺服系统的各相关量都可以通过总线传送到系统侧。

3. 认识 FANUC βi 系列伺服放大器

（1）常用的 FANUC 系统伺服放大器的分类　常用的 FANUC 系统伺服放大器的分类见表 2-11。

表 2-11　常用的 FANUC 系统伺服放大器的分类

分类	外　形	特　点	配套系统与电动机
α 系列数字式交流伺服驱动器		有单轴、双轴或三轴结构，型号为 SVU：A06B-6089-HXXX 　SVUC：A06B-6090-HXXX，电路板有接口板和主控制板，电源、驱动和报警检测电路都集成在主控制板上，无 100V 交流输入。驱动器带有智能电源模块（IPM），采用全数字正弦波 PWM 控制，IGBT 驱动	与 FANUC 0C、0D、15A/B、16A/B、18A、20、21 系统配套；与 FANUC α/αC/αM/αL 系列伺服电动机配套
		有单轴、双轴或三轴结构，型号为 SVMi：A06B-6079-HXXX 　将伺服系统分成三个模块：PSMi（电源模块），SPMi（主轴模块）和 SVMi（伺服模块）。电源模块将 200V 交流电整流为 300V 直流和 24V 直流给后面的 SPMi 和 SVMi 使用，并完成回馈制动任务。SVMi 不能单独工作，必须与 PSMi 一起使用	
αi 系列数字式伺服驱动器		有单轴、双轴或三轴结构，型号为 SVM：A06B-6114-HXXX 　将伺服系统分成三个模块：PSM（电源模块），SPM（主轴模块）和 SVM（伺服模块）。αi 系列是一种高速、高精度、高效率的智能化伺服系统	与 FANUC0i、FANUC 15i/150i/16i/18i/l60i/180i/20i/21i 等系统配套 与 FANUC αi 和 αiS 系列伺服电动机配套
β 系列数字式交流伺服驱动器		采用电源与驱动器一体化（SVU 型）的结构，驱动器带有智能电源模块（IPM），采用全数字正弦波 PWM 控制，IGBT 驱动，具有 PWM 接口、I/O Link 接口和光缆接口	与 FANUC 0TD、PM01 等经济型数控系统配套 与 FANUC β 系列伺服电动机配套

（续）

分类	外　形	特　点	配套系统与电机
βi系列数字式交流伺服驱动器		有单轴、双轴或三轴结构，型号为 　SVPM：A06B-6134-H30X（三轴），H20X（两轴） 　SVU：A06B-6130-H00X（只有单轴）。βi系列是一种可靠性强、性价比高的经济型伺服系统。该系列用于机床的进给轴和主轴，具有充足的性能和功能。通过最新的伺服HRV控制和主轴HRV控制，实现高速、高精度和高效率控制	主要与FANUC Mate系列系统配套 与βiS系列伺服电动机配套

（2）βi系列数字式交流伺服驱动器　βi系列数字式交流伺服驱动器共分为三类：βi SVM（独立伺服驱动模块）、βiSVPM（主轴与伺服驱动一体型）和I/O Link（PMC轴）驱动。图2-33所示为βi系列SVM1-20伺服驱动模块外形与接口定义；图2-34所示为伺服驱动器原理接线。

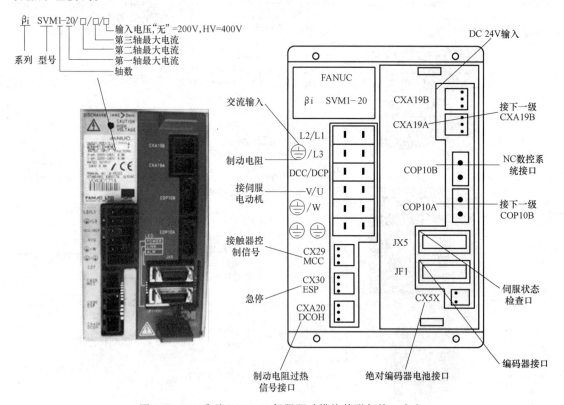

图2-33　βi系列SVM1-20伺服驱动模块外形与接口定义

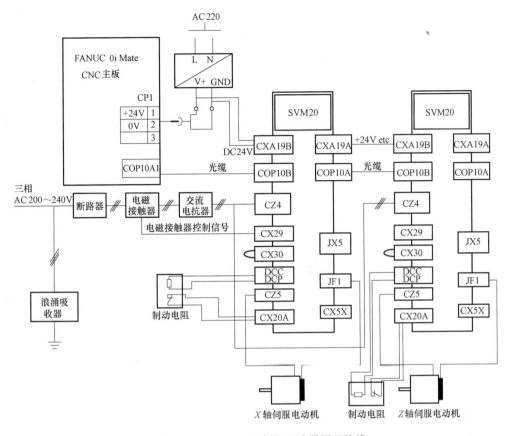

图 2-34　βi SVM1-20 伺服驱动器原理接线

1）CZ4（L1/L2/L3）接口为三相交流 200～240V 电源输入口，是驱动器主电路电源。

2）CZ5（U/V/W）接口为伺服驱动器驱动电压输出口，连接到伺服电动机，是伺服电动机运行的驱动电源，顺序为 V、U、地线、W。

3）CZ6（DCC/DCP）与 CX20A 为放电电阻的两个接口，若不接放电电阻，须将 CZ6 及 CX20 短接，否则驱动器报警信号触发，不能正常工作，建议必须连接放电电阻。

4）CX29 接口为驱动器内部继电器的一对常开端子，驱动器与数控装置正常连接后，即数控装置检测到驱动器且驱动器没有报警信号触发，数控装置使能信号通知驱动器，驱动器内部信号使继电器吸合，从而使外部电磁接触器线圈得电，给放大器提供工作电源，如图 2-35 所示。

5）CX30 接口为急停信号接口，短接此接口 1 和 3 脚，急停信号由 I/O 给出。若不短接 CX30 接口，则驱动器会报警，系统显示为急停报警，也可以将该接口连接外围的急停电路，如图 2-36 所示。

6）CXA19A、CXA19B 为驱

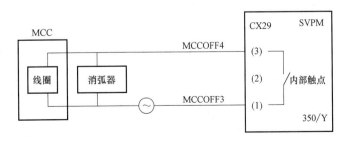

图 2-35　驱动器内部继电器常开接线图

63

动器 24V 电源接口，为驱动器提供直流工作电源，第二个驱动器与第一个驱动器之间的电源由 CXA19A 到 CXA19B。CXA19A 为 24V 电源输出口，CXA19B 为电源输入口。电源的流向总是从 CXA19A 到 CXA19B，图 2-37 所示为这两个接口的连接图。

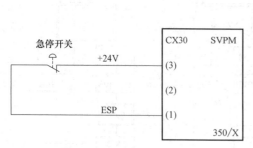

图 2-36　CX30 急停信号连接

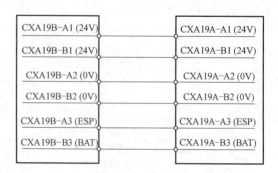

图 2-37　驱动器之间的控制电源电缆的接法

7）COP10A、COP10B 接口：高速信号接口，传输速度指令和位置信号。数控系统与第一级驱动器之间或第一级驱动器和第二级驱动器之间用光缆传输速度指令及位置信号，信号总是从数控系统 COP10A 到 COP10B。

8）CX5X 接口：伺服驱动器的电池接口。

9）JF1 接口：伺服电动机编码器反馈接口。

10）JX5 接口：插接器信号检测接口。比如驱动器与 I/O 模块相连，检测 I/O 信号等。

四、CAK4085di 数控车床进给伺服系统控制电路原理分析

CAK4085di 数控车床的进给伺服系统 X 轴和 Z 轴采用 FANUC βiS 系列 SVM1-20 交流伺服驱动器和 B8/3000iS 伺服电动机。

图 2-38a 所示为 CAK4085di 数控车床的进给伺服系统相关的电气原理图。由图 2-38a 可知，X、Z 两轴的驱动器的输入电源由 R、S、T 提供三相交流 200V 电压，接入伺服电源开关 QF30，再由 KM30 接触器主触点引入驱动器电源输入端，由它提供各驱动器所需的电能，CXA19A、CXA19B 为驱动器 24V 电源接口，为驱动器提供直流工作电源。伺服电动机分别接在驱动器的 U、V、W 端子上。

1. X、Z 轴伺服电动机运转控制

（1）X、Z 轴伺服电动机运转准备控制　接通机床电源 QF0（见后文的图 2-48a）后，再按下数控系统电源开关 SB12，KA17（见图 2-48b）继电器获电吸合，接通数控系统直流 24V 电源，数控系统启动。数控系统通过 COP10A（FBBS 光缆传输）串行接口与驱动器正常连接后，数控系统先检测驱动器且驱动器没有报警信号触发后，数控系统使能信号通知驱动器，驱动器内部信号使继电器吸合，其内部继电器一对常开端子闭合，通过驱动器 CX29 接口控制外部接触器 KM30 线圈获电，主触点闭合后给驱动器提供工作电源，如图 2-38a、b 所示。

（2）手动方式下控制 X、Z 轴伺服电动机运转　在手动操作方式下选择合适的进给倍率，按下各轴运行按键，伺服驱动放大器接收通过 COP10A 接口输入的数控轴控制指令后，驱动伺服电动机按照指令运转，同时伺服电动机编码器的反馈信号通过 COP10A 接口的光缆

传输到数控装置中，组成了半闭环控制系统，如图 2-38a、b 所示。

2. 进给运动的限位保护控制

由图 2-38c 可知，在机床的 X 轴和 Z 轴正、负方向上都安装了相应的超程限位开关。X 轴正超程开关 SQ3 接 I/O 端子 X8.2；X 轴负超程开关 SQ4 接 I/O 端子 X8.3；Z 轴正超程开关 SQ5 接 I/O 端子 X8.6；Z 轴负超程开关 SQ6 接 I/O 端子 X8.5。在操作过程中，由于某种原因（操作失误、编程数据错误、伺服故障等）使机床的某行程开关被压动，数控系统立即进入急停状态，发出相应的超程报警信号并停止刀架的移动。此时沿着超程轴反方向移动，进入安全区，急停状态才能解除。

 安全提示

1）数控系统都存在软限位功能（存储行程限位），伺服轴的移动位置超程有参数 PRM1320、1321 设定安全区域。

2）只有当机床上电后执行手动返回参考点操作，建立起机床坐标系，软限位功能才有效。

3）开关挡块的位置可以由操作者调节，应定期检查硬限位开关的有效性，防止出现意外。

3. 系统急停控制

在机床运行过程中，如果发生意外需要紧急停止，可按下图 2-38d 中的急停按钮 SB11，则驱动器 CX30 所接急停开关断开，驱动器报警，同时也切断了系统中 X8.4 的急停输入信号，系统显示为急停报警，从而使整个系统启动失效，伺服电动机停止运转。故障排除后，可重新启动。

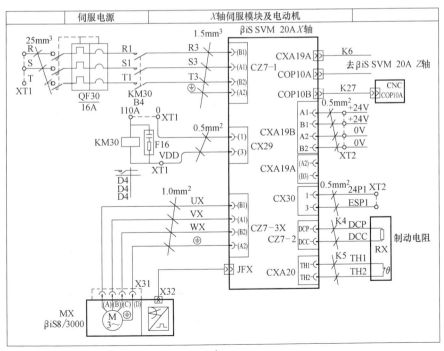

a)

图 2-38　进给伺服系统的电路图

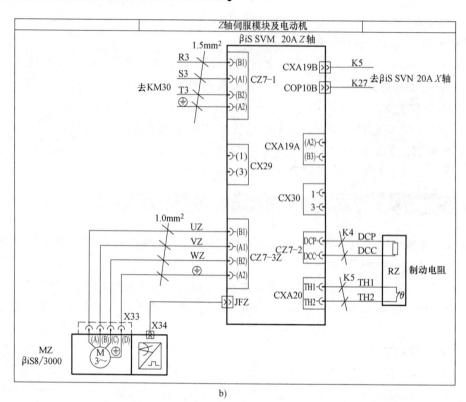

b)

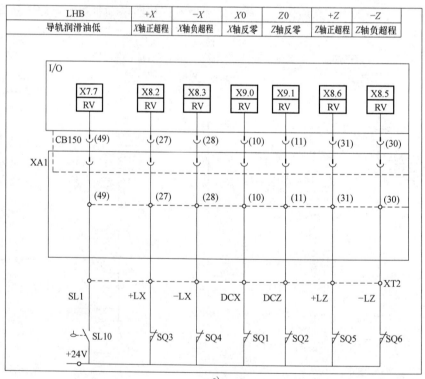

LHB	+X	−X	X0	Z0	+Z	−Z
导轨润滑油低	X轴正超程	X轴负超程	X轴反零	Z轴反零	Z轴正超程	Z轴负超程

c)

图 2-38　进给伺服系统的电路图（续）

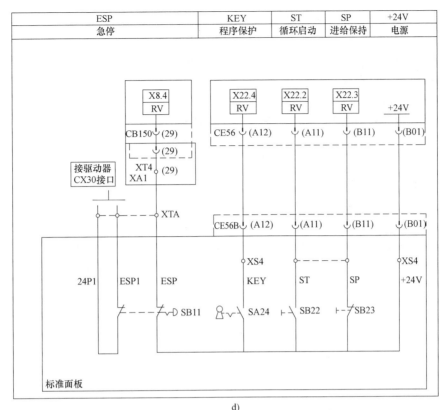

d)

图 2-38　进给伺服系统的电路图（续）

实训项目四　交流伺服进给驱动装置的安装与接线

一、实训目标

1）理解数控系统伺服驱动系统的组成。

2）理解机床进给伺服驱动装置的接口定义。

3）能识读与绘制电气控制电路图。

4）能独立完成伺服驱动系统的安装与接线。

二、实训步骤

1. 任务准备

所需工具与材料清单见表 2-12。

表 2-12　常用的材料清单

序号	设备与工具	名　　称	数量
1	数控车床	CAK4085di	1 台
2	机床资料	数控车床电气说明书、数控系统操作说明书	1 套
3	常用电工工具	自定	1 套
4	仪器仪表	自定	1 套
5	绘图工具	自定	1 套

2. 在指导教师的指导下完成进给伺服系统电路图的识读

（1）准备资料　准备机床电气使用说明书、数控系统使用手册和伺服驱动器使用手册。

（2）参考资料　在教师的指导下按照下列流程识读电路图。

1）识读进给伺服电源。

2）识读进给伺服控制信号流程。

3）识读进给伺服轴的超程限位控制、超程释放和急停控制。

【操作提示】

在教师的指导下，重点查阅资料理解各控制端子的含义和信号流程。

3. 在指导教师的指导下完成进给伺服系统电路图的绘制

1）绘制进给伺服电源。

2）绘制 X 轴和 Z 轴进给伺服系统电路。

3）绘制进给伺服轴的超程限位控制电路、超程释放和急停控制电路。

【操作提示】

① 绘制电路图时应保持图面整洁。

② 绘制电路图时，元器件符号应正确规范，电路应具有完善的保护功能。

③ 条件许可时，可参照实际数控机床绘制机床的电路图。

4. 按照电路图进行进给伺服驱动装置的接线

（1）数控系统电源的连接　按图 2-38a 所示，进行系统基本单元的 CP1 和 I/O 模块的接线，将 CP1 插头接入 DC 24V 电源。

【操作提示】直流电要区分正负极，不要把极性接反。

（2）数控系统与进给伺服放大器及伺服电动机的连接　按图 2-38b 所示，进行数控系统与进给伺服放大器的连接。

【操作提示】

1）数控装置的引出控制信号线应采用绞合屏蔽电缆或屏蔽电缆，电缆的屏蔽层在数控装置侧采取单端接地，信号线应尽可能短。

2）数控装置和强电柜之间的电缆及数控装置和机床之间的电缆应分开绑扎或电缆离得越远越好。

3）位置反馈电缆线与强电线路应分开绑扎，与直流线路信号电缆应尽量远离，保持至少 10cm 距离。

（3）数控系统与机床侧输入信号的连接　按图 2-38c 所示，完成下列输入信号的连接。

1）行程开关与急停按钮的连接。

2）机床进给伺服轴减速回零的线路连接。

（4）系统线路检查

1）通电前，按照信号从强到弱的顺序检查线路有无短路和接触不良等现象。

2）检查变压器进出线的方向和顺序。

3）检查伺服电动机强电电缆的相序。

4）检查直流电源的极性。

5）检查地线的连接，并保证保护接地电阻值小于 1Ω。

（5）系统通电

1) 按照要求在指导教师监督下通电。

2) 线路通电后，必须检查各单元模块的电源极性和电压是否符合要求。

实训完毕，切断电源，整理场地。

三、项目测评

完成任务后，学生先按照表 2-13 进行自我测评，再由指导教师评价审核。

表 2-13　测评表

序号	项目	考核内容及要求	配分	评分标准	扣分	得分
1	识读与绘制电路图	1. 识读与绘制电源电路（10） 2. 识读与绘制伺服控制电路（10） 3. 识读与绘制进给轴的限位控制电路（10） 4. 图面清洁（5）	35	1. 不能正确识读与绘制电源电路，每错一处扣 2 分 2. 不能正确识读与绘制伺服控制电路，每错一处扣 2 分 3. 不能正确识读与绘制进给轴的限位控制电路，每错一处扣 2 分 4. 图面不清洁，扣 5 分		
2	材料准备与连线前检查	1. 检查工具（5）、资料（5）是否准备齐全 2. 认识与检查电器元器件（5）	15	1. 工具不齐全，每少一件扣 1 分 2. 资料不齐全，扣 5 分 3. 不认识、不会检测或漏检元器件，每次扣 1 分		
3	数控系统与伺服驱动器的连接	1. 电源连接（10） 2. 正确连接数控系统（15） 3. 正确连接伺服驱动器（15）	40	1. 不能正确使用工具，每次扣 1 分 2. 损坏元器件，扣 5 分 3. 不会连接数控系统，每处扣 2 分 4. 不能连接伺服驱动器，每处扣 2 分		
4	安全文明生产	应符合国家安全文明生产的有关规定	10	违反安全文明生产有关规定不得分		
指导教师评价				总得分		

【思考与练习】

一、填空题（将正确答案填在横线上）

1. 数控机床进给伺服驱动系统一般由 ＿＿＿＿＿＿、＿＿＿＿＿＿、＿＿＿＿＿＿ 和 ＿＿＿＿＿＿ 组成。

2. 数控机床进给伺服系统按照对被控量有无检测装置可分为＿＿＿＿＿＿和＿＿＿＿＿＿两种。

3. 数控机床的开环控制系统无＿＿＿＿＿＿，不检测运动的实际位置，因此系统的精度＿＿＿＿＿＿，其精度主要取决于＿＿＿＿＿＿和＿＿＿＿＿＿精度。

4. 开环控制系统结构＿＿＿＿＿＿，＿＿＿＿＿＿，＿＿＿＿＿＿，成本较低，但因其加工精度较低，目前应用已不多。

5. 闭环控制系统中的驱动元件一般采用＿＿＿＿＿＿＿＿＿＿。

6. 数控机床的半闭环控制系统的位置检测元件一般采用＿＿＿＿＿＿＿＿，其安装位置是在＿＿＿＿＿＿＿＿＿＿＿＿＿。

7. 进给伺服驱动系统在低速进给切削时，要求输出足够大的＿＿＿＿＿＿＿，保证良好的切削能力。

8. 数控机床按照驱动电动机的类型分为＿＿＿＿＿＿＿、＿＿＿＿＿＿＿和＿＿＿＿＿＿＿三大类。

9. 交流伺服电动机一般为＿＿＿＿＿＿电动机，主要由＿＿＿＿＿＿、＿＿＿＿＿＿和＿＿＿＿＿＿三部分组成。

10. 典型的伺服驱动控制系统，一般具有＿＿＿＿＿＿＿、＿＿＿＿＿＿＿和＿＿＿＿＿＿＿三环控制。

二、选择题（将正确答案序号填在括号里）

1. 数控机床的脉冲当量是指（　　　　）。

A. 数控机床移动部件每分钟位移量

B. 数控机床移动部件每分钟进给量

C. 数控机床移动部件每秒钟位移量

D. 每个脉冲信号使数控机床移动部件产生的位移量

2. 在开环控制进给系统中常采用（　　　　）。

A. 步进电动机　　　　　　B. 直流电动机

C. 交流伺服电动机　　　　D. 交流异步电动机

3. 下列分类中，不属于交流伺服驱动系统驱动的电动机是（　　　　）。

A. 无刷电动机　　　　　　B. 交流永磁同步电动机

C. 步进电动机　　　　　　D. 笼型异步电动机

4. 数控机床闭环伺服系统的反馈装置装在（　　　　）。

A. 伺服电动机轴上　　　B. 工作台上　　　C. 进给丝杠上

5. 直流伺服电动机主要采用（　　　　）换向，以获得优良的调速性能。

A. 电子式　　　　　　B. 数字式　　　　　　C. 机械式

6. 步进电动机的转速是通过改变电动机的（　　　　）而实现的。

A. 脉冲频率　　　　　B. 脉冲速度　　　　　C. 通电顺序　　　　　D. 脉冲个数

7. 全闭环伺服系统与半闭环伺服系统的区别取决于运动部件上的（　　　　）。

A. 执行机构　　　　　B. 反馈信号　　　　　C. 检测元件

8. 交流伺服电动机与电磁式同步电动机（　　　　）。

A. 工作原理及结构完全相同　　　　　　B. 工作原理相同但结构不同

C. 工作原理不同但结构相同　　　　　　D. 工作原理及结构完全不同

三、判断题（将判断结果填入括号中，正确的填"√"，错误的填"×"）

1. 数控机床的伺服系统是由伺服驱动和伺服执行两部分组成的。（　　　　）

2. 伺服电动机驱动的使能信号无效时，电动机不工作。（　　　　）

3. 数控机床的保护地线必须接地牢固、可靠，接地电阻 $R<10\Omega$。（　　　　）

4. 只有机床上电后执行手动返回参考点操作，建立起机床坐标系，软限位功能才有效。（　　　　）

5. 数控装置和强电柜之间的电缆可以同在一个线槽内布线。（　　）

四、简答题

1. 进给伺服系统由哪几部分组成？各部分功能是什么？

2. 简述数控机床对进给伺服驱动系统的要求。

3. 简述 βi 系列 SVM1-20 伺服驱动模块接口的定义。

第三节　主轴驱动系统

一、主轴驱动系统概述

数控机床的主轴驱动系统，也就是主传动系统，是数控机床的大功率执行机构，其运动通常是主轴的旋转运动，通过主轴的回转与进给轴的进给，实现刀具与工件快速的相对切削运动。它的性能直接决定了加工工件的表面质量。因此，在数控机床的维修和维护中，主轴驱动系统的维修与维护显得非常重要。

1. 数控机床对主轴传动的要求

20 世纪 60～70 年代，数控机床的主轴一般采用三相异步电动机配上多级齿轮变速箱实现有级变速的驱动方式。随着刀具技术、生产技术、加工工艺以及生产效率的不断发展，上述传统的主轴驱动方式已不能满足生产的需要，因此现代数控机床对主轴传动提出了以下基本要求。

（1）调速范围要宽并能实现无级调速　为保证加工时选用合适的切削用量，以获得最佳的生产效率、加工精度和表面质量，特别具有自动换刀功能的数控加工中心，对主轴的调速范围要求更高，要求主轴能在较宽的转速范围内，根据数控系统的指令自动实现无级调速，并减少中间传动环节，简化主轴结构。

目前，主轴变速主要分为有级变速、无级变速和分段无级变速三种形式，其中有级变速仅用于经济型数控机床，大多数数控机床均采用无级变速或分段无级变速。在无级变速中，变频调速主轴一般用于普及型数控机床，交流伺服主轴则用于中、高档数控机床。现代主轴驱动装置的恒转矩调速范围已可达 1∶100，恒功率调速范围也可达 1∶30，一般过载 1.5 倍时可持续工作 30min。

（2）恒功率范围要宽　为了满足生产效率要求，数控机床要求主轴在整个速度范围内均能提供切削所需功率，并尽可能在全速范围内提供主轴电动机的最大功率。特别是为了满足数控机床低速、强力切削的需要，常采用分级无级变速的方法（即在低速段采用机械减速装置），以扩大输出转矩，满足最大功率输出。

（3）具有四象限驱动能力　要求主轴在正、反向转动时均可进行自动加、减速控制，并且加、减速时间要短，调速运行要平稳。目前，一般伺服主轴可以在 1s 内从静止加速到 6000r/min。

（4）具有同步控制和定位准停功能

1）同步控制功能。为了使数控车床具有螺纹切削功能，要求主轴能与进给驱动实行同步控制。为了实现这种功能，数控车床加工螺纹时必须安装一个检测元件，常用的检测元件

71

是光电编码器和磁栅编码器，图 2-39 所示为光电编码器在数控车床主轴上的应用。光电编码器的工作轴安装在与数控车床主轴同步转动的位置上，可准确测量出车床主轴的转速及旋转零点的位置，并以脉冲的方式将这些信号送入数控装置中，以便进行螺纹插补运算及控制。

2）定位准停功能。在加工中心上，为了满足加工中心自动换刀的要求，主轴还必须具有高精度的准停功能。主轴定向控制的实现方式有两种：一是机械准停；二是电气准停。例如，利用装在主轴上的磁性传感器或编码器作为检测元件，通过它们输出的反馈信号，使主轴准确地停在规定的位置上，如图 2-40 所示。

图 2-39　光电编码器在数控
车床主轴上的应用

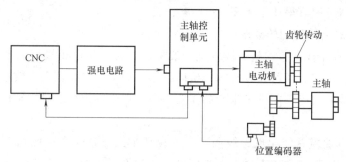

图 2-40　编码器主轴定向控制连接图

2. 主轴系统分类及特点

目前，全功能数控机床的主传动系统大多采用无级变速。无级变速系统根据控制方式的不同，可分为变频主轴系统和伺服主轴系统两种，通过直流或交流主轴电动机，经过带传动带动主轴旋转，或通过带传动和主轴箱内的减速齿轮（以获得更大的转矩）带动主轴旋转。另外，根据主轴速度控制信号的不同，可分为模拟量控制的主轴驱动装置和串行数字控制的主轴驱动装置两类。模拟量控制主轴电动机转速的方式通常有两种，一是通用变频器控制通用电动机，二是专用变频器控制专用电动机。目前，大部分的经济型机床均采用变频主轴，即数控系统模拟量输出+变频器+感应（异步）电动机的形式，其性价比很高。伺服主轴驱动装置一般由各数控公司自行研制并生产，如日本发那科公司的 α 系列、西门子公司的 611系列等。

（1）笼型异步电动机配齿轮变速箱　这种主轴配置方式最经济，但只能实现有级调速，由于电动机始终工作在额定转速下，经齿轮减速后，主轴在低速下输出转矩大，重切削能力强，非常适合粗加工和半精加工的要求。如果加工的产品对主轴转速没有太高的要求，此配置在数控机床上也能起到很好的效果。它的缺点是噪声比较大，由于电动机工作在工频下，主轴转速范围不大，不适合有色金属和需要频繁变换主轴速度的加工场合。

（2）通用笼型异步电动机配通用变频器　现在的通用变频器，除了具有 *U/f* 曲线调节功能，一般还具有无反馈矢量控制功能，会对电动机的低速特性有所改善，再配合两级齿轮变速，基本上可以满足车床低速（100~200r/min）小加工余量的加工要求，但同样受最高电动机速度的限制。这是目前经济型数控机床比较常用的一种主轴驱动系统。

（3）专用变频电动机配通用变频器 中档数控机床主要采用这种配置，主轴传动采用两档变速，甚至仅一档即可实现转速在低速时的重力切削。此配置若应用在加工中心上则不够理想，可以采用其他辅助机构完成定向换刀的功能，但不能达到刚性攻螺纹的要求。

（4）伺服主轴驱动系统 伺服主轴驱动系统具有响应快、速度高、过载能力强的特点，还可以实现定向和进给功能，但其价格较高，通常是同功率变频器主轴驱动系统价格的2~3倍。伺服主轴驱动系统主要应用于全功能机床上，用以满足系统自动换刀、刚性攻螺纹、主轴 C 轴进给功能等对主轴位置控制性能要求很高的加工。

（5）电主轴 电主轴是主轴电动机的一种结构形式，驱动器可以是变频器或主轴伺服，也可以不要驱动器。电主轴由于电动机和主轴合二为一，没有传动机构，因此大大简化了主轴的结构，提高了主轴的精度，并且向高速方向发展。图 2-41 所示为电主轴结构。目前，电主轴转速一般在 10000r/min 以上。但是电主轴抗冲击能力较弱，而且功率还不能做得太大，一般在 10kW 以下。目前，安装电主轴的机床主要用于精加工和高速加工，如高速精密加工中心。

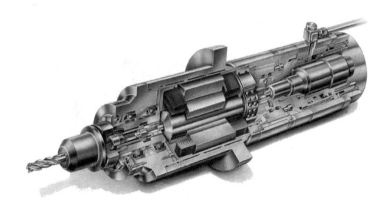

图 2-41 电主轴结构

二、变频主轴驱动装置的组成及工作原理

随着交流调速技术的发展，目前数控机床（数控车、铣床）的主轴驱动多采用交流电动机配通用变频器控制的方式。通用变频器控制正弦波的产生是以恒电压频率比（U/f）保持磁通不变为基础，经过 SPWM 驱动主电路，产生 U、V、W 三相交流电驱动电动机，并通过调整频率达到改变电动机转速的目的。目前，主轴驱动装置市场上比较流行的变频器有德国西门子、日本三菱、安川等。本节主要介绍 FANUC 0i Mate 数控系统与三菱变频器主轴驱动装置的连接。

FANUC 0i Mate 系统主轴控制可分为主轴串行输出/主轴模拟输出，如图 2-42 所示。用模拟量控制的主轴驱动单元（如变频器）和电动机称为模拟主轴，主轴模拟输出接口只能

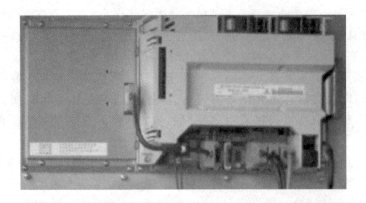

模拟主轴接口(JA40)

额定模拟输出：输出电压0～±10V

JA40插座引脚信号说明

脚号	信号	信号说明	脚号	信号
1			11	
2	(0V)		12	
3			13	
4			14	
5	ES	公共端	15	
6			16	
7	SVC	主轴指定电压	17	
8	ENB1	主轴使能信号	18	
9	ENB2	主轴使能信号	19	
10			20	

串行主轴或位置编码器接口(JA7A)

●串行主轴或位置编码器插座(JA7A)引脚信号说明

脚号	信号	信号说明	脚号	信号	信号说明
1	(SIN)		11		
2	(*SIN)		12	0V	0V电压
3	(SOUT)		13		
4	(*SOUT)		14	0V	
5	PA	位置编码器A相脉冲	15	SC	位置编码器C相脉冲
6	*PA	位置编码器*A相脉冲	16	0V	
7	PB	位置编码器B相脉冲	17	+SC	位置编码器*C相脉冲
8	*PB	位置编码器*B相脉冲	18	+5V	
9	-5V	-5V电压	19		
10			20	+5V	

()中的信号用于串行主轴，模拟主轴不使用该信号

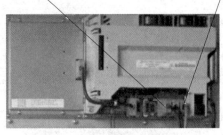

图 2-42 FANUC 0i Mate 数控系统主轴的接口

控制一个模拟主轴。按串行方式传送数据（数控装置给主轴电动机的指令）的接口称为串行输出接口，主轴串行输出接口能够控制两个串行主轴，但必须使用 FANUC 生产的专用主轴驱动单元和主轴伺服电动机。

（1）FANUC 0i Mate-TD 数控系统模拟主轴的连接　图 2-43 所示为 CAK6140 数控车床主轴的变频控制连接图。

（2）与主轴相关的系统接口

1）JA40：模拟量主轴的速度信号接口（0~10V），数控系统输出的速度信号（0~10V）与变频器的模拟量频率设定端 2 和 5 连接，控制主轴电动机的运行速度。

2）JA7A：串行主轴/主轴位置编码器信号接口，当主轴为串行主轴时，与主轴驱动器的 JA7B 连接，实现主轴模块与数控系统的信息传递；当主轴为模拟量主轴时，该接口又是主轴位置编码信号接口。

3）JD1A I/O Link，本接口连接 I/O 模块，从系统的 JD1A 出来，到 I/O 模块的 JD1B 为

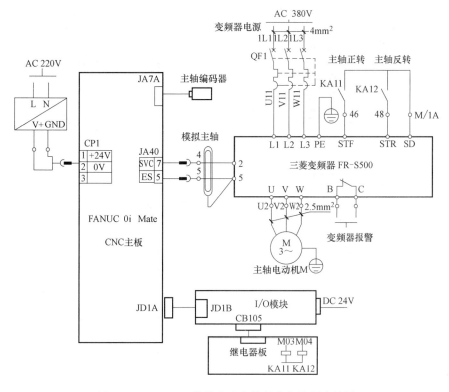

图 2-43 CAK6140 数控车床主轴的变频控制连接图

止。通过 I/O 模块，来控制主轴正反转继电器，将继电器的常开触点与变频器的正反转端子相接，用来控制主轴电动机的正反转。

（3）FR-S500 变频器的接线

1）FR-S500 变频器的标准端子接线。

图 2-44 所示为 FR-S500 变频器的标准端子接线图。

2）端子说明。

主电路和控制电路端子说明见表 2-14、表 2-15。

表 2-14 主电路端子说明

端子记号	端子名称	内 容 说 明
L1、L2、L3（＊）	电源输入	连接工频电源
U、V、W	变频器输出	连接三相笼型电动机
–	直流电压公共端	此端子为直流电压公共端子，与电源和变频器输出没有绝缘
+、P1	连接改善功率因数直流电抗器	拆下端子+与端子 P1 间的短路片，连接选件改善功率因数用直流电抗器（FR-BEL）
⏚	接地	变频器外壳接地用，必须接大地

注：（＊）在单相电源输入时，变成 L1、N 端子。

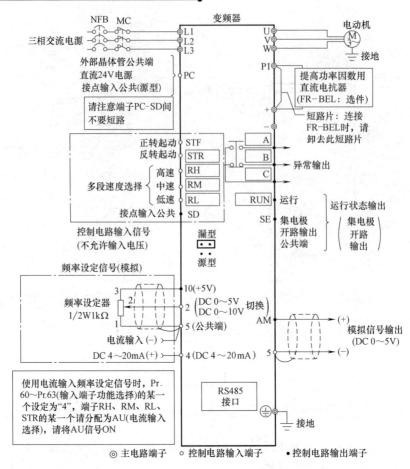

图 2-44 FR-S500 变频器的标准端子接线图

表 2-15 控制电路端子说明

端子记号			端子名称	内 容 说 明	
输入信号	接点输入	STF	正转起动	STF 信号 ON 时为正转, OFF 时为停止指令	STF、STR 信号同时为 ON 时, 为停止指令
		STR	反转起动	STR 信号 ON 时为反转, OFF 时为停止指令	根据输入端子功能选择 (Pr. 60～Pr. 63) 可改变端子的功能
		RH RM RL	多段速度选择	可根据端子 RH、RM、RL 信号的短路组合, 进行多段速度的选择 速度指令的优先顺序是 JOG、多段速设定 (RH、RM、RL、REX)、AU	
	SD		接点输入公共端 (漏型)	此为接点输入 (端子 STF、STR、RH、RM、RL) 的公共端子	
	PC		外部晶体管公共端 DC 24 V 电源 接点输入公共端 (源型)	当连接可编程序控制器 (PLC) 之类的晶体管输出 (集电极开路输出) 时, 把晶体管输出用的外部电源插头连接到这个端子, 可防止因回流电流引起的误动作 PO-SD 间的端子可作为 DC 24V 0.1A 的电源使用 选择源型逻辑时, 此端子为接点输入信号的公共端子	
	10		频率设定用电源	DC 5V, 容许负荷电流 10mA	

（续）

端子记号		端子名称	内 容 说 明	
输入信号	频率设定	2	频率设定 （电压信号）	输入 DC 0~5V（0~10V）时，输出成比例；输入 5V（10V）时，输出为最高频率 5V/10V 切换用 Pr.73"0~5V，0~10V 选择"进行 输入阻抗 10kΩ。最大容许输入电压为 20V	
		4	频率设定 （电流信号）	输入 DC 4~20mA。出厂时调整为 4mA 对应 0Hz，20mA 对应 50Hz 最大容许输入电流为 30mA。输入阻抗约为 250Ω 电流输入时，请把信号 AU 设定为 ON AU 信号设定为 ON 时，电压输入变为无效 AU 信号用 Pr.60~Pr.63（输入端子功能选择）设定	
		5	频率设定 公共输入端	此端子为频率设定信号（端子 2、4）及显示计端子"AM"的公共端子	
输出信号	集电极开路	A B C	报警输出	指示变频器因保护功能动作而输出停止的转换接点。AC 230V 0.3A DC 30V 0.3A。报警时 B-C 之间不导通（A-C 之间导通），正常时 B-C 之间导通（A-C 间不导通）	根据输出端子功能选择（Pr.64、Pr.65），可以改变端子的功能
		运行	变频器运行中	变频器输出频率高于起动频率时（出厂为 0.5Hz 可变动）为低电平，停止及直流制动时为高电平。容许负载 DC 24V 0.1A（ON 时最大电压下降 3.4V）	
		SE	集电极开路公共	变频器运行时端子 RUN 的公共端子	
	模拟	AM	模拟信号输出	从输出频率、电动机电流选择一种作为输出。输出信号与各监视项目的大小成比例	出厂设定的输出项目：频率容许负荷电流 1mA，输出信号 DC 0~5V
通信		—	RS485 接口	用参数单元连接电缆（FR-CB201~205），可以连接参数单元（FR-PU04-GH）。可用 RS485 进行通信运行	

3）变频器接线注意事项：

① 根据变频器输入规格选择正确的输入电源。

② 变频器输入侧用断路器（不宜采用熔断器）实现保护，断路器的整定值应按变频器的额定电流选择，而不应按电动机的额定电流来选择。

③ 变频器三相电源实际接线无需考虑电源的相序。

④ 输出侧接线须考虑输出电源的相序。若相序错误，将造成主轴电动机反转，机床不能正常加工而报警。

⑤ 实际接线时，绝不允许把变频器的电源线接到变频器的输出端。若接反了，会烧毁变频器。

⑥ 一般情况下，变频器输出端直接与电动机相连，无需加接触器和热继电器。

三、伺服主轴驱动装置的组成及工作原理

数控加工中心对主轴有较高的控制要求，首先要求在大力矩、强过载能力的基础上实现宽范围无级变速；其次要求在自动换刀过程中实现定向角度停止（即准停），这对加工中心主轴驱动系统提出了更高的要求。在实际应用中，常采用专用交流伺服主轴驱动装置，其本身具有准停功能，其轴控 PLC 信号可直接连接至数控系统的 PMC，配合简捷的 PMC 逻辑程序即可完成准停定位控制，且控制精度非常高。

交流主轴驱动系统也有模拟式和数字式两种形式，其结构由主轴驱动单元、主轴电动机和检测主轴速度与位置的旋转编码器三部分组成，主要完成闭环速度控制，但当主轴准停时则完成闭环位置控制。主轴驱动单元的闭环控制、矢量运算均由内部的高速信号处理器及控制系统实现。不同数控系统的主轴专用驱动装置是不同的，常用的主轴伺服系统介绍如下。

（1）FANUC 主轴伺服系统　FANUC 公司生产的主轴系统，主要分为直流主轴驱动系统与交流主轴驱动系统两大类。从 20 世纪 80 年代开始，FANUC 公司已使用了交流主轴伺服系统，从 20 世纪 90 年代开始，交流伺服走向全数字化。目前有 S 系列、P 系列、H 系列、α 系列、β 系列以及新一代的 αi 系列、βi 系列交流数字伺服驱动单元，如图 2-45 所示。主轴伺服系统采用微处理器控制技术进行矢量计算。主电路采用 SPWM 晶体管控制技术，具有定向控制功能。

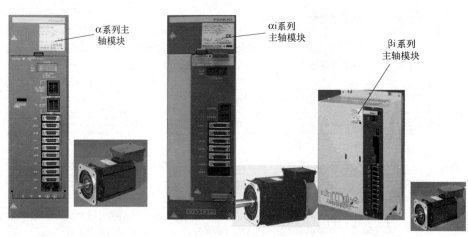

图 2-45　FANUC 系统常用的交流主轴伺服系统

（2）SIEMENS 主轴伺服系统　SIEMENS 公司生产的主轴系统，主要分为直流主轴驱动系统与交流主轴驱动系统两大类。从 20 世纪 80 年代开始，交流伺服慢慢取代了直流伺服，推出了 6SC6XX 系列主轴驱动系统及新一代的 611U/611D 等全数字伺服系统，如图2-46所示。611 伺服驱动系统是一种模块化晶体管脉冲变频器，主要由电源模块、伺服驱动电动机模块、电抗与滤波模块等组成。除了具有传统的速度和转矩控制等功能以外，611 伺服驱动系统还在标准型号中提供集成的定位功能，从而减轻控制器的负担。611 伺服有单轴模块和双轴驱动模块，双轴驱动模块使用双轴电源模块，结构极为紧凑；电源电压范围宽，通过闭环电源接口模块供电，驱动轴的运行不受电源扰动影响。611 伺服具有 PROFIBUS DP 现场总线通信，可以将 611 伺服系统无缝集成在任何自动化环境中。

611U伺服驱动

611D伺服驱动

图 2-46 SIEMENS 611 伺服驱动系统

四、CAK4085di 数控车床主轴驱动系统控制电路原理分析

CAK4085di 数控车床主轴旋转运动采用日立 SJ300-055HF/7.5kW 变频调速器控制 5.5kW 主轴电动机，与机械变速相配合可实现三档无级调速，如图 2-47 所示。CAK4085di 数控车床主轴相关的电气原理图如图 2-48a~c 所示。

1. 主轴正、反转控制信号

图 2-48 所示分别是总电源电路控制、机床侧直流电源控制电路和主轴变频器控制电路。先将断路器 QF0 和 QF1 合上，主轴变频器得电。再合上断路器 QF6、QF7、QF8 和 QF9，机床侧 GS1 开关电源 24V 得电，按下系统电源开关 SB12，继电器 KA17 线圈获电并自锁，KA17 一组常开触点接通，GS2 开关电源 24V 电压供给系统并启动。系统启动后，通过 M03、M04 指令，或者在手动方式下通过按下机床面板上的正转和反转按钮发出主轴正转和反转信号时，数控系统 PMC 将信号通过分线盘 I/O 模块来控制 CB150 模块中的 KA5（主轴正转继电器）、KA6（主轴反转继电器）

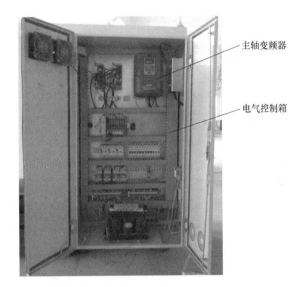

主轴变频器

电气控制箱

图 2-47 CAK4085di 数控车床电气控制箱

的通断，向变频器发出信号，实现主轴的正反转，此时的主轴速度是由系统存储的 S 值与机床主轴倍率开关决定的。

2. 主轴电动机速度控制信号

如图 2-48c 所示，在 FANUC 0i Mate-TD 系统中，系统把程序中的 S 指令值与主轴倍率的乘积转换成相应的模拟量电压（0~10V），通过系统主板 JA40 的 5 脚和 7 脚，输送到变频器的模拟量电压频率给定端子 O 与 L 两端，从而实现主轴电动机的速度控制。

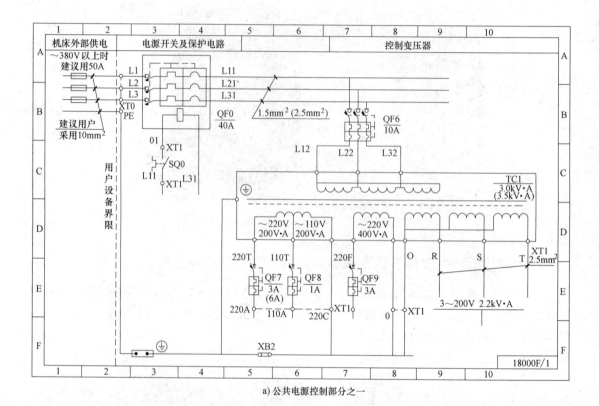

a) 公共电源控制部分之一

b) 公共电源控制部分之二

图 2-48　CAK4085di 数控车床主轴相关的电气原理图

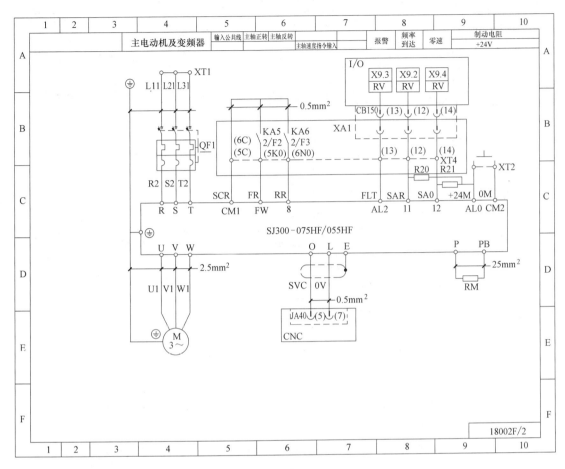

c) 主轴控制电路图

图 2-48　CAK4085di 数控车床主轴相关的电气原理图（续）

3. 变频器故障输出信号

当变频器出现任何故障时，变频器的故障输出端子 AL0 与 AL2 发出主轴故障信号，AL2端子与 CB150 模块输入端子 13 脚（X9.3）相连接，通过 PMC 向系统发出急停信号，使系统停止工作，并发出报警信息。

4. 主轴频率到达输出信号

数控机床自动加工时，若系统的主轴速度到达检测功能参数设定为有效，系统执行进给切削指令（如 G01、G02、G03 等）前要进行主轴速度到达信号的检测，即通过变频器输出端 11 脚发出变频到达信号与 CB150 模块输入端子 12 脚（X9.2）相连接，PMC 检测到该信号后，切削才开始，否则系统进给指令一直处于待机状态。

5. 日立 SJ300 变频器的故障显示及处理

主轴变频器一旦发生故障，变频器保护功能立即动作，变频器停止输出，并在变频器显示面板上显示相应的故障码，具体的故障码及处理方法见表 2-16。

表 2-16　变频器的故障码及处理方法

名称	情　况		数字操作器显示	远程操作器/复制单元显示
过电流保护	电动机轴堵转或快速减速,变频器过电流,则有可能导致故障。此时电流保护电路动作,变频器封锁输出	恒速时	E01	OC. Drive
		减速时	E02	OC. Dece1
		加速时	E03	OC. Acce1
		其他	E04	Over. C
过载保护	当变频器检测到电动机过载时,内部电子热过载保护工作且变频器停止输出		E05	Over. L
制动电阻过载保护	当 BRD(内置再生制动回路)超出再生制动电阻的使用比率时,过电压电路工作且变频器停止输出		E06	OL. BRD
过电压保护	当电动机的再生能量超过最大限度时,过电压电路工作且变频器停止输出		E07	Over. V
EEPROM 错误	当由于干扰或持续高温造成内部 EEPROM 出现问题时,变频器停止输出		E08	EEPROM
低电压	当变频器输入电压降低时,控制电路将不能正常工作低电压电路工作且变频器停止输出		E09	Under. V
CT 错误	当变频器内的电流传感器发生异常情况时,变频器停止输出		E 10	CT
CPU 错误	如果 CPU 错误动作导致故障,变频器停止输出		E 11	CPU1
外部跳闸	如果智能输入端子出现 EXT 信号,变频器封锁输出(在外部跳闸功能选择)		E 12	EXTERNAL
USP(禁止重启动保护)错误	变频器仍为 RUN 模式时若电源恢复,将显示错误(当选定 USP 功能时有效)		E 13	USP
对地短路保护	上电时检测变频器输出和电动机之间的接地故障		E 14	GND. Flt
输入过电压保护	输入电压高于规定值时,上电后检测 60s 之后过电压电路工作且变频器停止输出		E 15	OV. SRC
瞬时电源故障保护	瞬时停电超过 15ms,变频器停止输出。如停电时间过长,则认为是正常电源故障。但是,如果变频器再启动或运行指令还保留着,则将重启		E 16	Inst. P. F.
温度异常	当主电路由于冷却风扇停转而温度升高时,变频器停止输出		E 21	OH. FIN
门阵列错误	CPU 和门阵列之间的通信错误		E23	GA
断相保护	当电源断相时,变频器停止输出		E24	PH. Fail

（续）

名称	情　况	数字操作器显示	远程操作器/复制单元显示
IGBT 错误	当检测到输出瞬时过电流时,变频器封锁输出,以保护逆变模块	E30	IGBT
电子热保护错误	检测电动机热保护电阻值。出现过热时,变频器切断输出	E35	TH
制动异常	等待时间(b124)内,变频器释放制动后检测不到制动开/关信号(ON/OFF)［在制动控制选择(b120)使能时］	E36	BRAKE

 安全提示

变频器维护和检查时的注意事项如下:

1) 在关掉输入电源后,至少等 5min 才可以开始检查,否则会引起触电事故。

2) 维修、检查和部件更换必须由专业人员进行（开始工作前,取下所有金属物品,如手表、手镯等,使用带绝缘保护的工具）。

3) 不要擅自改装变频器,否则易引起触电和损坏产品。

4) 维修变频器之前,须确认输入电压是否有误,将 380V 电源接入 220V 级变频器之中会出现炸机（炸电容、压敏电阻、模块等）。

实训项目五　通用变频主轴驱动装置的安装与接线

一、实训目标

1) 掌握主轴驱动装置的组成及工作原理。
2) 理解相关主轴接口的定义。
3) 能够识读与绘制主轴驱动系统电气控制原理图。
4) 能独立完成主轴驱动系统的安装与接线。

二、实训步骤

1. 任务准备

所需实训设备及工具材料见表 2-17。

表 2-17　实训设备及工具材料

序号	设备与工具	型号与名称	数量
1	数控车床	CAK4085di	1 台
2	机床资料	数控车床电气说明书、数控系统操作说明书、变频器使用手册	1 套
3	常用电工工具	自定	1 套
4	仪器仪表	自定	1 套

2. 识读变频主轴驱动装置的电路图

（1）准备资料　准备机床电气使用说明书、数控系统操作说明书和变频器使用手册。

（2）参考资料　在教师的指导下按照下列流程识读电路图。

1）识读主轴变频器主电路图。

2）识读数控系统相关主轴接口的引脚定义和控制信号流程。

3）识读主轴变频器报警控制和频率到达控制电路。

【操作提示】

在教师的指导下，重点查阅资料理解各控制端子的含义和信号流程。

3. 绘制电路图的步骤

参考资料，在教师的指导下完成下列电路图的绘制。

1）绘制变频器主电路。

2）绘制变频器正反转控制电路。

3）绘制主轴的速度控制电路、报警控制和频率到达控制电路。

【操作提示】

① 绘制电路图时应保持图面整洁。

② 绘制电路图时，元器件符号应正确规范，电路应具有完善的保护功能。

③ 条件许可时，可参照实际数控机床绘制机床的电路图。

4. 变频主轴驱动装置的接线

（1）变频主轴的连接　按照图 2-48 所示，完成数控系统变频主轴模拟电压调速线路的连接。

【操作提示】

1）连接电缆应采用绞合屏蔽电缆或屏蔽电缆，电缆的屏蔽层在数控装置侧采取单端接地，信号线应尽可能短。

2）连接时，CN15 变频器模拟接口的 12 脚接 GND，13 脚接 SVC，一定不能接反。

（2）数控系统与变频器的正反转线路连接　按照图 2-48 所示，进行数控系统与变频器的正反转线路连接。

（3）变频器的报警控制和频率到达信号线路的连接　按照图 2-48 所示，进行变频器的报警控制和频率到达信号线路的连接。

（4）变频器电源和电动机的连接　按照图 2-48 所示，进行变频器电源和电动机的连接。

【操作提示】

变频器的 R、S、T 端子接入三相交流电（380V），U、V、W 端子接三相异步电动机，不要把电源与电动机线接反，否则变频器将损坏。

5. 系统线路检查

1）通电前，按照信号控制顺序检查线路有无短路和接触不良等现象。

2）检查电源进线的接线。

3）检查电动机的接线。

4）检查地线的连接，并保证保护接地电阻值小于 1Ω。

6. 系统通电

1）按照要求在指导教师监督下通电。

2）线路通电后，必须检查各电源的电压是否符合要求。

实训完毕，切断电源，整理场地。

三、项目测评

完成任务后，学生先按照表 2-18 进行自我测评，再由指导教师评价审核。

表 2-18　测评表

序号	项目	考核内容及要求	配分	评分标准	扣分	得分
1	识读与绘制电路图	1. 识读与绘制变频器电源和电动机电路(10) 2. 识读与绘制变频主轴控制电路(10) 3. 图面清洁(5)	25	1. 不能正确识读与绘制电源或电动机电路，每错一处扣 2 分 2. 不能正确识读与绘制变频主轴控制电路，每错一处扣 2 分 3. 图面不清洁，扣 5 分		
2	材料准备与连接前检查	1. 检查工具(5)、资料(5)是否准备齐全 2. 认识与检查电器元器件(10)	20	1. 工具不齐全，每少一件，扣 1 分 2. 资料不齐全，扣 5 分 3. 不认识、不会检测或漏检元器件，每次扣 1 分		
3	数控系统与主轴变频器的连接	1. 电源和电动机连接(10) 2. 正确连接数控模拟主轴线路(15) 3. 正确连接主轴正反转控制线路(15) 4. 正确连接地线(5)	45	1. 不能正确使用工具，每次扣 1 分 2. 损坏元器件，扣 5 分 3. 不会连接数控模拟主轴线路，扣 10 分 4. 不能连接主轴正反转线路，扣 5 分 5. 不能正确连接地线，扣 5 分		
4	安全文明生产	应符合国家安全文明生产的有关规定	10	违反安全文明生产有关规定不得分		
指导教师评价					总得分	

【思考与练习】

一、填空题（将正确答案填在横线上）

1. 主轴变速分为_____、_____、_____三种形式。

2. 无级变速系统根据控制方式的不同，可分为_____系统和_____系统两种。在无级变速中，_____主轴一般用于普及型数控机床，_____主轴用于中、高档数控机床。

3. 中、高档数控机床采用_____主轴驱动，普及型数控机床采用_____主轴驱动。

4. 数控车床具有螺纹切削功能，要求主轴能与进给驱动实行_____控制。

5. 高速主轴的驱动多采用_____主轴，这种主轴结构紧凑，重量轻、惯性小，有利于提高主轴的_____。

6. 主轴定向控制的实现方式有_____、_____两种。

7. 根据主轴速度控制信号的不同，可分为_____主轴驱动装置和_____主轴驱动装置两类。

8. 交流主轴驱动系统有_____和_____两种形式，其由_____、_____和_____三部分组成。

二、选择题（将正确答案序号填在括号里）

1. 为了保证机床能满足不同的工艺要求，并能够获得足够的切削速度，对主传动系统的要求是（   ）。

A. 无级变速　　　　　　B. 变速范围宽

C. 分段无级变速　　　　D. 调速范围要宽并能实现无级调速

2. 数控加工中心的主轴部件上设有准停装置，其作用是（   ）。

A. 提高加工精度　　　　B. 提高机床精度

C. 保证自动换刀、提高刀具重复定位精度，满足一些特殊工艺要求

3. 伺服主轴驱动系统具有（   ）特点，还可以实现定向和进给功能。

A. 响应快　　　　B. 速度高　　　　C. 过载能力强　　　　D. 以上都是

4. FANUC 0i Mate-TD 数控系统模拟主轴电压是（   ）。

A. 0～5V　　　　B. 0～10V　　　　C. 5～10V　　　　D. －5～10V

三、简答与制图

1. 简述数控机床对主轴传动的要求。

2. 绘制 FANUC 0i Mate-TD 数控系统模拟主轴与日立 SJ300 变频器的电气连接图。

第四节　位置检测装置

一、对数控机床位置检测装置的要求

检测元件是数控机床闭环伺服系统的重要组成部分，它的作用是检测位移、角位移和速度的实际值，并把反馈信号传送回数控装置或伺服装置，构成闭环控制，与数控装置发出的指令信号相比较，若有偏差，经放大后控制执行部件，向消除偏差的方向运动，直至偏差等于零为止。在数控机床的闭环控制中，检测装置是保证机床工作精度和效率的关键，用于数控机床的检测装置应满足下列要求。

1）工作可靠，抗干扰能力强，受温度和湿度等环境因素的影响小。

2）满足精度和速度的要求。其分辨率应在 0.001～0.01mm 内，测量精度应满足 ±0.002～0.02mm/m，运动速度应满足 0～20m/min。

3）满足测量精度、检测速度和测量范围的要求。

4）使用和维修方便，成本低，适合机床的工作环境。

二、位置检测装置的分类

1）位置检测装置根据被测物理量的不同，可分为直线位移测量装置和旋转角位移测量装置。

2）半闭环控制数控机床的位置检测元件一般是脉冲编码器和旋转变压器。

3）闭环控制数控机床的位置检测元件一般是光栅、感应同步器和磁栅等直线位移

装置。

4）按检测信号不同，可分为模拟式和数字式两种。

数控机床中常用的位置检测元件见表 2-19。

表 2-19 数控机床中常用的位置检测元件

类型	数字式	模拟式
旋转式	光电编码器和圆光栅	旋转变压器和圆形感应同步器
直线式	直线光栅尺、激光干涉仪和编码尺	直线感应同步器和磁尺

三、常用位置检测元件的原理与使用

1. 脉冲编码器

脉冲编码器是一种旋转式测量元件，通常装在被检测轴上，随被检测轴一起转动，可将被检测轴的角位移转换成电脉冲。脉冲编码器根据内部结构和检测方式不同，可分为接触式、光电式和电磁式三种；按照编码方式可分为绝对式和增量式两种。

（1）增量式光电编码器

1）结构。增量式光电编码器的结构主要由转轴、LED 光源、光栏板、零标志槽、光敏元件、光电码盘、印制电路板和电源及信号线连接座等组成，图 2-49 所示为增量式光电编码器的外形与结构。其中，光电码盘是用玻璃研磨抛光制成或用精致的金属圆盘制成。在玻璃表面镀一层不透明的铬，然后用照相腐蚀法制成狭缝作透光用。狭缝的数量可以为几百条或几千条；在金属圆盘的圆周上开出了一定数量的等分圆槽缝，或在一定的圆周上钻出一定数量的孔，使圆盘形成相等数量的透明或不透明区域。

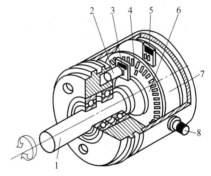

a) 外形　　　　　　　　　　b) 结构

图 2-49　增量式光电编码器的外形与结构
1—转轴　2—LED 光源　3—光栏板　4—零标志槽　5—光敏元件
6—光电码盘　7—印制电路板　8—电源及信号线连接座

2）工作原理。增量式光电编码器是以脉冲形式输出的传感器，能够把回转件的旋转方向、旋转角度和旋转速度准确检测出来，如图 2-50 所示。

在可转动的光电码盘上刻有许多节距相等的辐射状窄缝，与它相对应的有两组静止不动的光栏板窄缝群，这些窄缝群的节距与光电码盘的节距相等，窄缝宽度占节距的一半。两组静止的窄缝群位置相互错开 1/4 节距，这样就可保证当一组窄缝群全部遮住光电码盘狭缝时，另一组窄缝群刚好遮住光电码盘上狭缝的一半。当光电码盘转动时，从两组检测窄缝上通过的光强度呈正弦规律变化，因此装在检测窄缝对面的光电接收器上产生的电流也呈正弦规律变化。由于两组检测窄缝相差 1/4 节距，所以 DA、DB 两个光电接收器的输出波形在相位上相差 90°。在图 2-50 中，Q1、Q2 为光源，DA、DB、DZ 为光敏组件。当光电圆盘旋转一个节距时，在光源照射下，在光敏组件 DA 和 DB 上得到图 2-51a 所示的光电波形输出，A、B 信号为具有 90° 相位差的正弦波，这组信号经信号处理电路的放大和整形，得到图 2-51b 所示的输出方波。A 相比 B 相超前 90°，设 A 相超前 B 相时为正方向旋转，则 B 相超前 A 相时就是反方向旋转。利用 A 相与 B 相的相位关系，可以判别编码器的旋转方向。Z 相产生的脉冲为基准脉冲，又称零点脉冲，它是光电码盘旋转一周在固定位置上产生的一个脉冲，可以作为坐标原点的信号，车削螺纹时作为起刀点（进刀点）的信号。

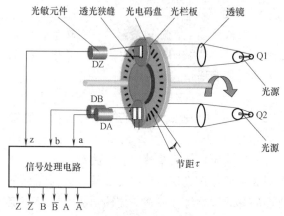

图 2-50　增量式光电编码器的工作原理图

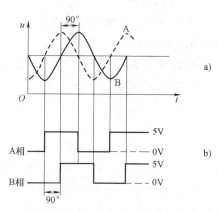

图 2-51　增量式光电编码器的波形

 提示

①增量式编码器无法输出轴转动的绝对位置信息，只能反映两次读数之间转轴角位移的增量；②增量式编码器构造简单，机械平均寿命可在几万小时以上，抗干扰能力强，可靠性高，适合于长距离传输。

（2）绝对式脉冲编码器　用增量式编码器的缺点是有可能由于噪声或其他外界干扰产生计数错误。若因停电、刀具破损而停机，排除故障后不能再找到故障前执行部件的正确位置。采用绝对式编码器可以克服这些缺点，它可以直接把被测转角用数字代码表示出来，且每一个角度位置均有其对应的测量代码，因此这种测量方式即使断电或切断电源，也能读出转动角度。

1）结构。绝对式光电编码器的结构如图 2-52 所示。它主要由光源、柱面镜、码盘、扫描刻线板和光电池等组成。

2）工作原理。绝对式光电编码器是直接输出数字信号的传感器，在它的圆形码盘上沿径向有若干同心码盘，码道上刻有按一定规律分布的透明区和不透明区；扫描刻线板上有一条径向狭缝，光电池的排列与扫描刻线板上的狭缝平行对齐且与码道一一对应。当光源发出的光经过柱面镜聚光后投射到码盘上时，通过透明区的光线经过狭缝形成一束很窄的光束投射到光电池上，此时处于亮区的光电池输出为"1"，处于暗区的光电池输出为"0"，光电池组输出按一定规律编码的数字信号，表示码盘轴的转角大小。输出数字信号通过信息处理

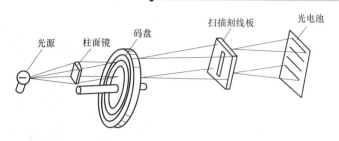

图 2-52　绝对式光电编码器的结构

电路的放大、鉴幅（鉴别"1""0"电平）、整形、锁存与译码等，输出为自然二进制代码，该代码经控制计算机处理，可辨别出码盘的实际位置。由于码盘轴的每一个位置都有其特定的编码值，因此称这种码盘为绝对式光电编码盘。

编码按其码制可分为二进制码、循环码、十进制码、六十进制码等。图 2-53 所示为 4 位二进制码盘和二进制循环码盘（格雷码盘）。

① 二进制编码器的特点：码盘上有许多同心圆环，称为码道，整个圆盘又分为若干个等分的扇形区段，每一相同的扇形区段的码道组成一个数码，着色的码道为"1"，未着色的码道为"0"，内环码道为数码高位，由此组成的二进制编码如图 2-53a 所示。若码盘顺时针方向转动，就可依次得到 0000、0001、0010、⋯、1111 的二进制代码输出，并且每一代码均代表一个确定的位置。

② 二进制循环码编码器的特点：n 位循环码盘，有 $2n$ 个不同的编码，分辨率为 $360°/(2n)$；当码盘转到相邻的区域时，任意相邻的两个二进制数之间只有一位是不同的，最末一个数与第一个数也是如此循环，如图 2-53b 所示。此方式在译码器中不易产生误读，即使制作和安装不很准确，产生的误差也不可能超过码盘自身的分辨率。

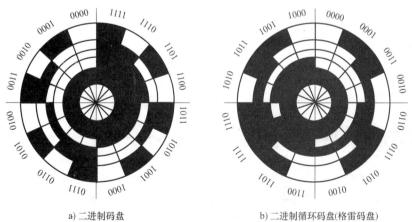

a) 二进制码盘　　　　　　　　　　　　b) 二进制循环码盘(格雷码盘)

图 2-53　编码器码盘

 提示

由于制造精度、安装质量或工作过程中产生意外等原因，二进制代码码盘有时会读码错误，因此码盘常采用二进制循环编码方式，以提高读数的可靠性。

（3）光电编码器在数控机床上的应用

1) 编码器是数控车床加工螺纹时必不可少的检测元件。常用的编码器有光电式编码器和磁栅式编码器，图 2-54 所示为光电式编码器在数控车床主轴上的应用，其工作轴安装在与数控车床主轴同步转动的位置上，可准确测量出车床主轴的转速及旋转零点的位置，并以脉冲的方式将这些信号送入数控装置中，以便进行螺纹插补运算及控制。

编码器

图 2-54　光电式编码器在数控车床主轴上的应用

2) 在数控机床进给伺服控制系统中，大多采用光电式增量脉冲编码器，其安装形式有两种：一种是与驱动电动机同轴连接，称为内装式编码器；另一种是编码器安装在传动链的末端，称为外装式编码器。在进给伺服控制系统中，利用编码器测量伺服电动机的转速、转角，并通过伺服控制系统控制其各种运行参数，如图 2-55 所示。X 轴和 Z 轴端部分别配有光电式编码器，用于角位移测量和数字测速，角位移通过丝杠螺距能间接反映拖板或刀架的直线位移。根据脉冲的数目可得出被测轴的角位移；根据脉冲的频率可得被测轴的转速；根据 A、B 两相的相位超前、滞后关系可判断被测轴的旋转方向。

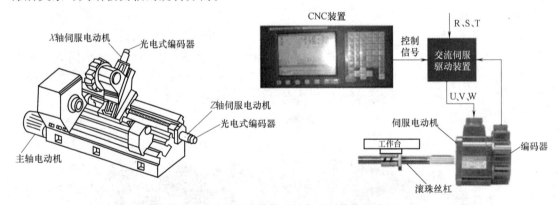

图 2-55　编码器在数控进给伺服系统中的应用

 提示

①增量式编码器构造简单，机械平均寿命可在几万小时以上；②抗干扰能力强，可靠性高，适合于长距离传输；③绝对式编码器没有累积误差；④电源切除后位置信息不会丢失，可以直接读取角度坐标的绝对值，不必"寻零"。

（4）编码器使用注意事项

1) 旋转编码器由精密器件构成，故当受到较大的冲击时，可能会损坏内部构件，因此安装时不要给轴施加直接的冲击。

2) 编码器轴与机器的连接不要采用硬连接，应使用柔性插接器。

3) 不要将旋转编码器进行拆解，这样做会损坏防油和防滴性能。防滴型产品不宜长期浸在水、油中，表面有水、油时应擦拭干净。

4）配线应在电源 OFF 状态下进行，注意电源的极性，不要把输出线与电源线短路，否则会损坏输出回路。

5）配线时应远离高压线、动力线并尽量用最短距离配线，避免各种感应信号造成误动作或损坏编码器。

6）避免因导体电阻及线间电容的影响产生信号间的干扰，应采用电阻小、线间电容小的双绞线或屏蔽线。

2. 光栅

光栅是根据莫尔条纹原理制成的一种脉冲输出数字式传感器，广泛应用于数控机床等闭环系统的线位移和角位移自动检测以及精密测量方面，测量精度可达几微米。只要能够转换成位移的物理量，如速度、加速度、振动、变形等，它均可测量。

（1）光栅的种类　数控机床上常采用计量光栅。计量光栅可分为透射式光栅和反射式光栅两大类。透射式光栅通常是在玻璃表面的感光材料涂层上按一定间隔制成透光和不透光的条纹；反射式光栅是在金属光洁的表面上按一定间隔制成全反射和漫反射的条纹。

计量光栅按形状又可分为长光栅和圆光栅。长光栅是测量线位移的矩形光栅，并随被测长度增加而加长，如图 2-56a 所示；圆光栅是在玻璃圆盘的外环端面上制作黑白相间、间隔相等的线纹，是测量角位移的光栅，如图 2-56b 所示。

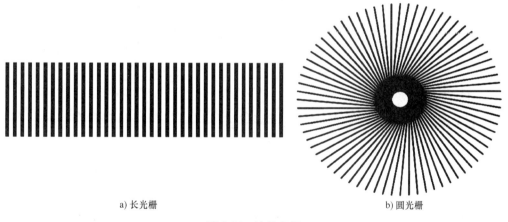

a) 长光栅　　　　　　　　　　　　　　b) 圆光栅

图 2-56　计量光栅

（2）光栅的结构　由于透射式直线光栅应用比较广泛，因此这里重点讲解透射式直线光栅的结构和原理，图 2-57 所示为直线式光栅的外形和结构。

透射式直线光栅主要由光源、透镜、标尺光栅（主光栅）、指示光栅和光敏接收器件组成。直线光栅通常包括一长和一短两块光栅配套使用，其中长光栅称为标尺光栅，是测量的基准，短光栅为指示光栅。两光栅都是刻有均匀密集线纹的透明玻璃片，线纹密度为 25 条/mm、50 条/mm、100 条/mm、250 条/mm 等，线纹之间距离相等。

（3）工作原理　如果把栅距 W 相等的标尺光栅和指示光栅平行安装，且让它们的刻线在一个平面内有一个很小的夹角 θ，这样两块光栅的刻线相交，当平行光线垂直照射标尺光栅时，则在相交区域出现明暗交替、间隔相等的粗大条纹，称为莫尔条纹，如图 2-58 所示。当两光栅沿与刻线垂直的方向相对移动时，莫尔条纹沿刻线方向移动，且光栅移动一个栅距，莫尔条纹正好移动一个节距。这样只要通过光敏器件检测出莫尔条纹移动的数目和方

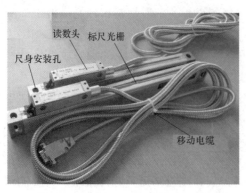 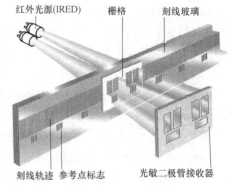

图 2-57　直线式光栅的外形和结构

向，就可以知道光栅移过了多少个栅
距及其移动的方向。

1）莫尔条纹的特性。

① 莫尔条纹的移动与栅距之间的
对应关系。两片光栅相对移过一个栅
距，莫尔条纹移过一个条纹距离。由
于光的衍射与干涉作用，莫尔条纹的
变化规律近似正（余）弦函数，变化
周期数与光栅相对位移的栅距数同步；
若光栅移动方向相反，则莫尔条纹移
动方向也相反。

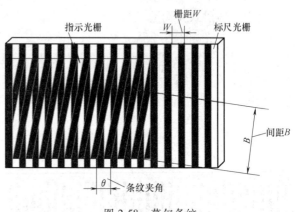

图 2-58　莫尔条纹

 提示

如果标尺光栅不动，将指示光栅逆时针方向转过一个角度（$+\theta$），然后向左移动，则莫
尔条纹向下移动；当指示光栅向右移动时，莫尔条纹向上移动。若将指示光栅顺时针转过一
个角度（$-\theta$），则情况与上述情况相反。

② 光学放大作用。在两光栅线纹夹角较小的情况下，莫尔条纹间距 B 和光栅栅距 W、
线纹角 θ 之间有下列关系，即 $B = W/[2\sin(\theta/2)]$。式中，θ 的单位为 rad，W 的单位为 mm。
由于倾角很小，$\sin\theta$ 很小，则 $B = W/[2\sin(\theta/2)] = W/\theta$。若 $W = 0.01\mathrm{mm}$、$\theta = 0.01\mathrm{rad}$，则可
得 $B = 1$，即光栅放大了 100 倍，因而大大提高了光栅测量装置的分辨率。

③ 均化误差作用。莫尔条纹是由若干光栅条纹共同形成的，例如每毫米 100 线的光栅，
10mm 宽度的莫尔条纹就有 1000 条线纹，这样栅距之间的固有相邻误差就被平均化了，消
除了由于栅距不均匀、断裂等造成的误差。

2）光栅的测量电路。光栅测量位移是通过光栅读数头将莫尔条纹的光信号转换成电脉
冲信号，实现的图 2-59 所示为信号的变换过程。

 提示

光栅读数头由光源、聚光透镜、指示光栅、光敏器件、信号处理电路（包括放大、整形和
鉴相倍频）等组成，如图 2-60 所示。常见的有垂直入射式光栅读数头和反射式光栅读数头。

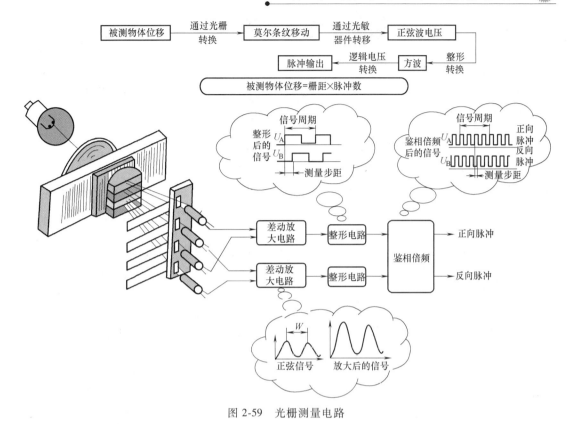

图 2-59　光栅测量电路

（4）光栅在数控机床上的应用　在数控机床闭环控制系统中，标尺光栅往往固定在床身上不动，而指示光栅随拖板一起移动。测量时它们相互平行放置，并保持 0.05～0.1mm 的间隙。由于闭环控制系统包括了全部进给机构，可以检测出机械传递误差并能在控制系统电路中给予修正，如由滚珠丝杠温度特性导致的位置误差、反向间隙、滚珠丝杠螺距误差导致的运动特性误差。因此，光栅在数控机床中作为主要的位置检测元件，并完成工作台的位移、速度和方向的检测。图 2-61 所示为光栅在数控铣床上的应用。

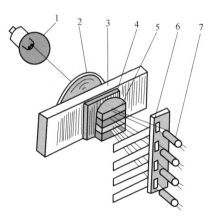

图 2-60　光栅读数头结构
1—灯泡　2—聚光透镜　3—长光栅　4—指
示光栅　5—四个聚光透镜　6—狭缝
7—四个光敏二极管

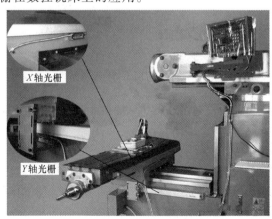

图 2-61　光栅在数控铣床上的应用

提示

①光栅具有很高的分辨率，直线光栅分辨率可达 0.1μm；②响应速度快，可实现动态测量，易实现检测与数据处理的自动化；③对使用环境要求高，油污及振动对其精度影响很大；④制造成本高。

（5）光栅的使用注意事项

1）插拔光栅传感器与数显表插头座，应在关闭电源后进行。

2）尽可能外加保护罩，严格防止任何异物进入光栅传感器壳体内部，并及时清理溅落在光栅上的切屑和油液，每隔一定时间用乙醇和水的混合液（各 50%）清洗擦拭光栅面及指示光栅面，保持光栅清洁，避免破坏光栅线条纹分布，引起测量误差。

3）定期检查各安装连接螺钉是否松动。

4）严禁剧烈振动及摔打光栅传感器，以免破坏光栅，若光栅断裂，光栅传感器就会失效。

5）应尽量避免光栅传感器在有严重腐蚀作用的环境中工作，以免腐蚀光栅铬层及光栅表面，降低光栅质量。

3. 磁栅尺

磁栅尺是一种采用电磁方法记录磁波数目的高精度位置检测装置，如图 2-62 所示。它由磁性标尺、磁头和检测电路组成，如图 2-63 所示。它利用录磁原理将按一定周期变化的正弦波或脉冲电信号，用录磁磁头记录在磁性标尺的磁膜上，作为测量的基准。检测时，用拾磁磁头将磁性标尺上的磁信号转换成电信号，经过检测电路处理后，用以将磁头相对磁尺之间的位移量转化为控制信号输入到数控系统中。

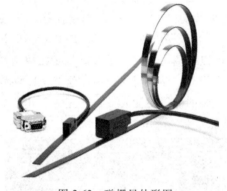

图 2-62　磁栅尺外形图

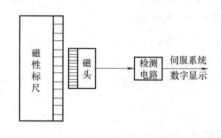

图 2-63　磁栅尺的组成

（1）磁性标尺　磁性标尺是在非导磁材料如铜、不锈钢、玻璃或其他材料的基体上，涂敷、化学沉积或电镀一层 10~20μm 的导磁材料，用以在它的表面上录制相等节距、周期变化的磁信号。磁信号的节距一般为 0.05mm、0.1mm、0.2mm、1mm。为了防止磁头对磁性膜的磨损，通常在磁性膜上涂一层厚 1~2mm 的耐磨塑料保护层。

（2）磁头　磁头是进行磁电转换的变换器，它把反映空间位置的磁信号检测出来，转化成电信号输送到检测电路中去。根据数控机床的要求，为了在低速运动和静止时也能进行位置检测，必须采用磁通响应型磁头，如图 2-64 所示。单个磁头的输出信号很小，实际使用中常将几个或几十个磁头以一定的方式连接起来，组成多间隙磁头。

（3）磁栅尺的特点及应用

1）磁栅尺对使用环境条件的要求较低，对周围磁场的抗干扰能力较强，在油污、粉尘较多的地方使用，也有较好的稳定性。

2）录制方便，成本低廉。当发现所录磁栅不合适时，可抹去重录。

3）非接触式测量，安装维护方便，精度高。

4）行程长，量程可达 30m。在大型金属切削机床，例如大型镗床、铣床，水下测量，木材石材加工机床（工作环境粉尘很多），金属板材压轧设备（大型成套设备）等方面应用广泛。

5）注意对磁栅传感器的屏蔽。磁栅尺外面应有防尘罩，防止铁屑进入，不要在仪器未接地时插拔磁头引线插头，以防磁头磁化。

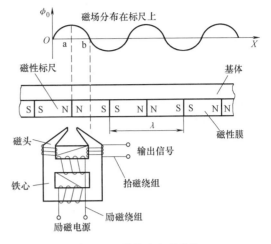

图 2-64　磁通响应型磁头

4. 感应同步器

（1）感应同步器的结构　感应同步器是利用两个平面形绕组的电磁感应原理，将直线位移或转角位移转换成电信号的电磁式位置检测元件。感应同步器按其结构特点一般分为直线式和旋转式两种。

测量直线位移的感应同步器称为直线感应同步器，由定尺和滑尺等组成，如图 2-65 所示。定尺和滑尺通常以优质碳素钢作为基体，一般选用导磁材料，其线胀系数尽量与所安装的主基体相近。定尺与滑尺平行安装，且保持一定间隙。定尺表面制有连续绕组（在基体上用绝缘的黏结剂贴上铜箔，用光刻或化学腐蚀方法制成方形开口平面绕组）；在滑尺的绕组周围常贴一层铝箔，防止静电干扰，滑尺上制有两组分段绕组，在空间上相差 90° 相角，分别称为正弦绕组和余弦绕组。这两段绕组相对于定尺上的连续绕组在空间错开 1/4 节距，节距用 2τ 表示，安装时定尺组件与滑尺组件安装在机床的不动和移动部件（如工作台和床身）上，滑尺安装在机床上，并自然接地。

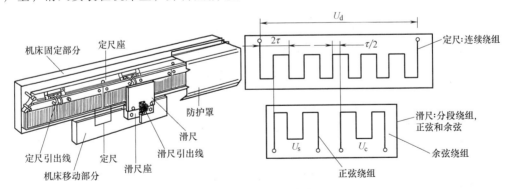

图 2-65　直线感应同步器

测量转角位移的感应同步器称为圆盘感应同步器，由转子和定子组成，形状呈圆片形，如图 2-66 所示。圆盘感应同步器定子和转子绕组的制造工艺与直线感应同步器相同，定子相当于直线感应同步器的滑尺，转子相当于定尺。

（2）直线感应同步器的工作原理　直线感应同步器的定尺和滑尺上的平面绕组应面对

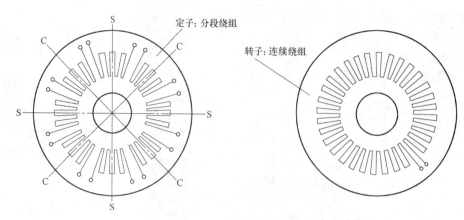

图 2-66　圆盘感应同步器

S—正弦绕组　C—余弦绕组

面地相互平行放置，并且要保持（0.25±0.05）mm 的气隙。当滑尺上的正弦绕组和余弦绕组分别以 1~10kHz 的正弦电压励磁时，将产生同频率的交变磁通；该交变磁通与定尺绕组耦合，在定尺绕组上将产生同频率的感应电动势。感应电动势的大小除了与励磁频率、励磁电流和两绕组之间的间隙有关外，还与两绕组的相对位置有关。如果在滑尺的余弦绕组上单独施加正弦励磁电压，直线感应同步器定尺的感应电动势与两绕组相对位置的关系如图 2-67a 所示。

当滑尺处于 A 点时，余弦绕组 C 和定尺绕组位置相差 1/4 节距，即在定尺绕组内产生的感应电动势为零。随着滑尺的移动，感应电动势逐渐增大，直到 B 点时，即滑尺的余弦绕组 C 和定尺绕组位置重合（1/4 节距位置）时，耦合磁通最大，感应电动势也最大。滑尺继续右移，定尺绕组的感应电动势随耦合磁通减小而减小，直至移动到 C 点（1/2 节距处）时，又回到与初始位置完全相同的耦合状态，感应电动势变为零。滑尺再继续右移到 D 点（3/4 节距处）时，定尺中感应电动势达到负的最大值。在移动一个整节距（E 点）时，两绕组的耦合状态又回到初始位置，定尺感应电动势又为零。定尺上的感应电动势随滑尺相对定尺的移动呈现周期性变化，如图 2-67b 中的曲线 1 所示。同理，如果在滑尺正弦绕组上单独施加余弦励磁电压，则定尺的感应电动势如图 2-67b 中的曲线 2 所示。一般选用励磁电压为 1~2V，过大的励磁电压将引起大的励磁电流，导致温升过高，从而使工作不稳定。

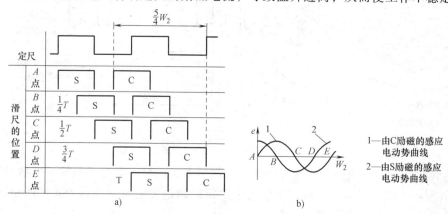

图 2-67　直线感应同步器定尺与滑尺相对位置的关系

根据这一原理，可以通过测量定尺中的感应电动势的大小和相位，来确定定尺与滑尺的相对位置，从而控制机床工作台的移动。直线感应同步器作为位置测量装置安装在数控机床上，它有两种工作方式：鉴相式和鉴幅式。

1）鉴相式检测系统通过测量定尺中感应电动势的相位来确定定尺与滑尺的相对位置。给滑尺的正弦绕组和余弦绕组分别通以同频、同幅但相位相差 90°的交流励磁电压 U_1 和 U_2，按照电磁感应原理，定尺上的绕组会产生感应电动势 U。如滑尺相对定尺移动，则 U 的相位相应变化，经放大后与 U_1 和 U_2 比相、细分、计数，即可得出滑尺的位移量。如2-68所示为鉴相式检测系统原理框图。

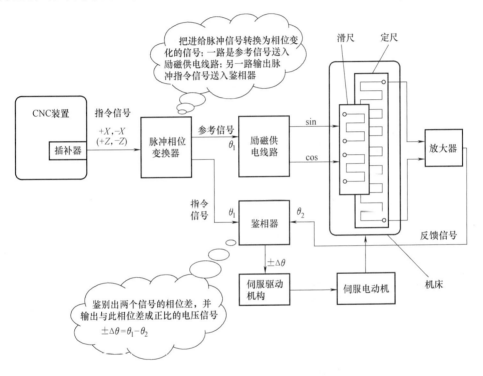

图 2-68 鉴相式检测系统原理框图

鉴相式伺服系统利用相位比较原理进行工作。当数控装置要求工作台沿一个方向产生位移时，产生一列进给脉冲，经脉冲调相器的调相分频通道转化为相位变化信号 $\Delta\theta'_1$，它作为指令信号送入鉴相器；测量装置及信号处理电路的作用是将工作台的位移量检测出来，并表达成与基准信号之间的相位差 $\Delta\theta'_2$，也被送入鉴相器。这两路信号都用它们与基准信号之间的相位差表示，且同频率、同周期。因此，两者之间的相位差为 $\delta' = \Delta\theta'_1 - \Delta\theta'_2$。鉴相器的作用就是鉴别出这两个信号的相位差，并以与此相位差信号成正比的电压信号输出。如果相位差不为零，说明工作台实际移动的距离不等于指令信号要求工作台移动的距离，鉴相器检测出的相位差经放大后，被送入速度控制单元，驱动电动机带动工作台向减少误差的方向移动。若相位差为零，则表示感应同步器的实际位置与给定指令位置相同，鉴相器输出电压为零，工作台停止移动。

2）鉴幅式检测系统。在鉴幅式检测系统中，输入滑尺绕组的是频率、相位相同而幅值不同的交流电压，根据输入和输出电压的幅值变化，来确定滑尺和定尺的相对位移。图 2-69 所示为鉴幅式检测系统原理框图。

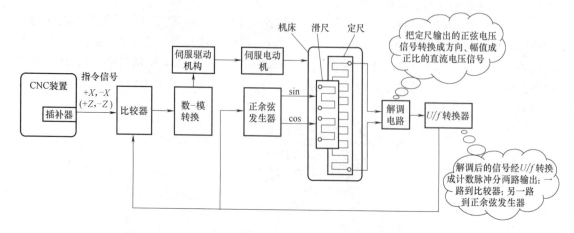

图 2-69　鉴幅式检测系统原理框图

　　鉴幅式检测系统的工作原理：进入比较器的信号有两路，一路来自进给脉冲，它代表了数控装置要求机床工作台移动的位移量；另一路来自测量及信号处理电路，以数字脉冲形式出现，体现了工作台实际移动的距离。鉴幅式检测系统工作之前，数控装置和测量元件的信号处理电路都没有脉冲输出，比较器的输出为零，工作台不移动。出现进给脉冲信号后，比较器的输出不为零，经数-模转换电路将比较器输出的数字量转换为电压信号，经放大后，由伺服电动机带动工作台移动。同时，工作在鉴幅状态的感应同步器的定尺感应出电压信号，经信号处理电路转换成相应的数字脉冲信号，该数字脉冲信号作为反馈信号进入比较器与进给脉冲进行比较。若两者相等，比较器输出为零，工作台不动；若两者不相等，说明工作台实际移动的距离还不等于指令信号要求移动的距离，伺服电动机继续带动工作台移动，直到比较器输出为零时停止。

 提示

　　①直线感应同步器精度高、稳定性好，测量精度主要取决于尺子的精度；②测量长度不受限制，当测量长度大于 250mm 时，可以采用多块定尺接长，行程为几米到几十米的中型或大型机床中，工作台位移的直线测量，大多数采用直线感应同步器来实现；③对环境的适应性较高、维护简单、寿命长，感应同步器的定尺和滑尺互不接触，因此无任何摩擦、磨损，使用寿命长，且无须担心元件老化等问题；④抗干扰能力强，工艺性好，成本较低，便于复制和成批生产。

　　（3）直线感应同步器的使用注意事项

　　1）安装时，必须保持定尺和滑尺相对平行，两平面的间隙约为 0.25mm，滑尺移动时平行度误差应小于 0.1mm。

　　2）防止铁屑进入定尺和滑尺之间，以免损坏定尺表面。

　　3）连接线固定好，机床移动时不能让检测信号线受力，以免引起断线。

　　4）常用的标准型直线感应同步器的定尺长度为 250mm，当测量长度越过 250mm 时，可以将直线感应同步器的多块定尺接长使用，以满足测量要求。

四、FANUC 0i Mate-TD 系统中的位置检测电路分析

1. 半闭环位置检测系统线路连接

在数控机床的进给半闭环控制中，检测装置是保证机床工作精度和效率的关键。在数控机床进给伺服控制系统中，大多采用伺服电动机内装式编码器。当轴卡接口 COP10A 输出脉宽调制指令，并通过 FSSB 串行光缆与伺服放大器接口 COP10B 相连接，伺服放大器整形放大后，通过动力线输出驱动电流到伺服电动机，电动机转动后，利用同轴的编码器测量伺服电动机的转速、转角，并反馈到伺服控制系统，控制其各种运行参数。图 2-70 所示为 FANUC 0i Mate-TD 系统半闭环位置检测反馈线路连接。

在数控车床中为了完成螺纹加工，把编码器的工作轴安装在与数控车床主轴同步转动的位置上，可准确测量出车床主轴的转速及旋转零点的位置，并以脉冲的方式将这些信号送入数控装置，以便进行螺纹插补运算及控制。图 2-54 所示为编码器在数控车床主轴上的安装，编码器接线如图 2-70 所示。

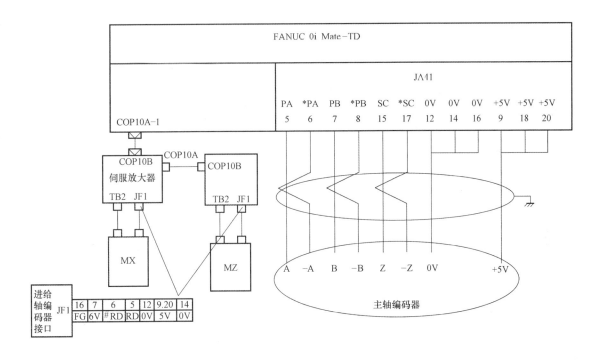

图 2-70　FANUC 0i Mate-TD 系统半闭环位置检测反馈线路连接图

2. 全闭环位置检测系统线路连接

当半闭环控制不能满足机床控制精度要求时，就需要外置反馈装置，如光栅和磁栅尺等，FANUC 系统中称之为"分离型编码器"，图 2-71 所示为分离型检测器的全闭环连接。当使用分离型编码器或直线光栅时，按图 2-71 连接，分离型检测器接口单元应通过光缆连接到数控单元上。

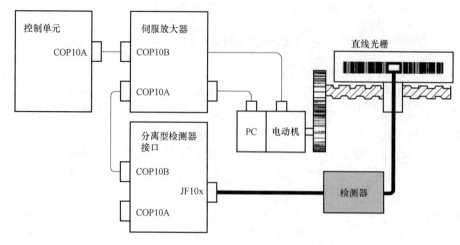

图 2-71　分离型检测器的全闭环连接

【思考与练习】

一、填空题（将正确答案填在横线上）

1. 检测装置是数控机床中重要的组成部分，其主要作用是检测_____和_____，并发出反馈信号传送给_____。

2. 位置检测装置按检测信号不同可分为_____和_____两种。

3. 位置检测装置按被测量的不同可分为_____和_____测量。

4. 常用的测量直线位移的测量元件有_____、_____、_____；用于测量角位移的检测元件有_____和_____。

5. 感应同步器的工作方式有_____和_____两种。

6. 感应同步器测量元件分为_____和_____两种。

7. 直线感应同步器由_____和_____两部分组成。其中_____安装在机床的固定部件上，而_____安装在机床移动部件上。

8. 脉冲编码器是一种_____的测量元件，通常装在_____上，随被测轴一起转动，可将被测轴的_____转换成_____。

9. 脉冲编码器根据内部结构和检测方式分为_____、_____和_____三种。

10. 脉冲编码器按照编码方式可分为_____和_____两种。

11. 磁栅尺由_____、_____和_____组成。

12. 光栅是根据_____原理制成的一种脉冲输出数字式传感器。

13. 按形状分，计量光栅可分为_____和_____。

14. 感应同步器测量精度主要取决于_____的精度。

二、选择题（将正确答案序号填在括号里）

1. 数控机床位置检测装置中，（　　）不属于旋转型检测装置。

A. 光栅　　　　　　B. 旋转变压器　　　　C. 脉冲编码器

2. 数控机床位置检测装置中，（　　）属于旋转型检测装置。

A. 光栅　　　　　　B. 磁栅尺　　　　　　C. 感应同步器　　　　　　D. 脉冲编码器

3. 长光栅在数控机床中的作用是（　　）。

A. 测工作台位移　　　B. 限位　　　　C. 测主轴电动机转角　　　D. 测主轴转速

4. 数控机床的检测元件光电编码器属于（　　　）。

A. 旋转式检测元件　　　　　　B. 移动式检测元件　　　C. 接触式检测元件

5. 数控机床的位置检测元件光栅属于（　　　）。

A. 旋转式检测元件　　　　　　B. 移动式检测元件　　　C. 接触式检测元件

6. 数控机床中，码盘是（　　　）反馈元件。

A. 位置　　　　　　B. 温度　　　　　C. 压力　　　　　　D. 流量

7. 在全闭环数控系统中，用于位置反馈的元件是（　　　）。

A. 光栅　　　　　　B. 圆光栅　　　C. 旋转变压器　　　D. 圆盘感应同步器

8. 莫尔条纹的形成主要是利用光的（　　　）现象。

A. 透射　　　　　　B. 干涉　　　　C. 反射　　　　　　D. 衍射

9. 数控铣床一般采用半闭环控制方式，它的位置检测器是（　　　）。

A. 光栅　　　　　　　　B. 脉冲编码器　　　　　　　　C. 感应同步器

10. 数控机床检测反馈装置的作用是将其准确测得的（　　　）数据迅速反馈给数控装置，以便与加工程序给定的指令值进行比较和处理。

A. 直线位移　　　　　　　　　B. 角位移或直线位移

C. 角位移　　　　　　　　　　D. 直线位移和角位移

三、判断题（将判断结果填入括号中，正确的填"√"，错误的填"×"）

1. 感应同步器的相位工作方式就是给滑尺的正弦绕组和余弦绕组分别通以频率相同、幅值相同、但时间相位相差270°的交流励磁电压。　　　　　　　　　　　（　　　）

2. 对于接触式码盘来说，码道的圈数越多，则其所能分辨的角度越小，测量精度越高。
　　　　　　　　　　　　　　　　　　　　　　　　　　　　　　　　　（　　　）

3. 在数控机床闭环控制系统中，标尺光栅往往固定在床身上不动，而指示光栅随拖板一起移动。　　　　　　　　　　　　　　　　　　　　　　　　　　　（　　　）

4. 绝对式光电码盘与增量式光电码盘的工作原理相似。　　　　　　　　（　　　）

5. 码盘又称为编码器，是一种旋转式测量元件，它能将角位移转换成增量脉冲形式或绝对式的代码形式。　　　　　　　　　　　　　　　　　　　　　　　（　　　）

6. 全闭环伺服系统所用位置检测元件是光电脉冲编码器。　　　　　　　（　　　）

7. 绝对式编码器是直接输出数字信号的传感器。　　　　　　　　　　　（　　　）

8. 车床主轴编码器的作用是防止切削螺纹时乱牙。　　　　　　　　　　（　　　）

9. 全闭环数控机床的检测装置，通常安装在伺服电动机上。　　　　　　（　　　）

四、简答题

1. 数控机床对位置检测装置的要求是什么？

2. 数控机床常用的位置检测装置有哪些？

3. 脉冲编码器有几种？

4. 简述感应同步器的特点。

5. 简述莫尔条纹的特点。

数控机床电气控制系统安装与调试

第五节 自动换刀装置

自动换刀装置是数控机床的重要执行机构，在工件一次装夹后即可完成多道工序或全部工序加工，从而避免了多次定位带来的误差，减少了因多次安装造成的非故障停机时间，提高了生产效率和机床利用率。因此，自动换刀装置应当具备换刀时间短、刀具重复定位精度高、足够的刀具储备量、换刀空间小、动作可靠、使用稳定和刀具识别准确等特性。

一、自动换刀装置的形式

自动换刀装置的形式多种多样，主要取决于机床的类型、工艺范围、使用刀具种类和数量。目前常用的自动换刀装置的类型、特点、适用范围见表 2-20。

表 2-20　自动换刀装置的类型、特点、适用范围

类型		特点	适用范围
转塔式	回转刀架	多为顺序换刀,换刀时间短、结构紧凑、容纳刀具较少	各种数控车床、数控车削加工中心
	转塔头	顺序换刀,换刀时间短、结构紧凑,刀具主轴都集中在转塔头上,刚性差,刀具主轴数受限制	数控钻、镗、铣床
刀库式	刀具与主轴之间直接换刀	换刀运动集中,运动部件少,刀库容量受限制	数控镗、铣类立式、卧式加工中心
	机械手配合刀库进行换刀	刀库只有选刀运动,机械手进行换刀运动,刀库容量大	

1. 回转刀架换刀

数控机床使用的回转刀架是最简单的自动换刀装置，有四工位刀架、六工位刀架等，即在其上装有四把、六把或更多的刀具。回转刀架必须具有良好的强度和刚度，以承受粗加工的切削力，同时要保证回转刀架在每次转位时的重复定位精度。图 2-72 所示为数控车床回转刀架，它适用于轴类、盘类零件的加工。

a) 四工位电动刀架　　　　　　　b) 六工位电动刀架

图 2-72　常见回转电动刀架

2. 更换主轴头换刀

在带有旋转刀具的数控机床中，更换主轴头是一种简单换刀方式。主轴头通常有卧式和

102

立式两种，而且常用转塔的转位来更换主轴头，以实现自动换刀。在转塔的各个主轴头上，预先安装有各工序所需的旋转刀具。当发出换刀指令时，各主轴头依次转到加工位置，并接通主轴运动，使相应的主轴带动刀具旋转，而其他处于不加工位置上的主轴都与主运动脱开。

转塔主轴头换刀方式的主要优点在于省去了自动松夹、卸刀、装刀、夹紧以及刀具搬运等一系列复杂的操作，从而提高了换刀的可靠性，并显著地缩短了换刀时间。但由于空间位置的限制，主轴部件的结构不可能设计得十分坚实，因而影响了主轴系统的刚度。为了保证主轴的刚度，主轴数目必须加以限制，否则将会使结构尺寸大为增加。因此，转塔主轴头通常只用于工序较少、精度要求不太高的机床，如数控钻床等。

3. 带刀库的自动换刀系统

带刀库的自动换刀系统由刀库和刀具交换装置组成。刀库可以存放数量很多的刀具，因而能够进行复杂零件的多工序加工，它既可以安装在主轴箱的侧面或上方，也可作为单独部件安装到机床以外，并由搬运装置运送刀具。使用时，首先把加工过程中需要使用的全部刀具分别安装在标准刀柄上，在机外进行尺寸预调整后，按一定的方式放入刀库中。换刀时先在刀库中进行选刀，并由刀具交换装置从刀库和主轴上取出刀具，在进行刀具交换之后，将新刀具装入主轴，把旧刀具放回刀库。

（1）刀库 刀库主要是提供储存加工刀具及辅助工具的地方，并能依照程序的控制，正确选择刀具加以定位，并配合自动换刀装置完成换刀工作。

根据容量、外形和取刀方式的不同，刀库分为圆盘式刀库、链条式刀库和斗笠式刀库等。常见的刀库类型与特点见表 2-21。

（2）刀库的选刀方式与刀具识别 按照数控装置的刀具选择指令，从刀库中挑选各工序所需要的刀具的操作，称为自动换刀。目前，在刀库中选择刀具通常有顺序方式和任选方式两种。

表 2-21 常见的刀库类型与特点

刀库名称	结构形状	特 点
圆盘式刀库		圆盘式刀库通常应用在小型立式综合加工机上。圆盘式刀库结构简单，刀库容量一般为 15~30 把刀，价格低，装配调试方便，维护简单，需搭配自动换刀机构（ATC）进行刀具交换
链条式刀库		结构紧凑、刀库容量大，刀座固定在环形链节上，有单排链和折叠回绕链，链环的形状也可随机床布局制成各种形式，灵活多变。换刀系统采用电动机加机械凸轮结构，结构简单、动作可靠，但价格较高。一般刀具在 30~120 把时，多采用链条式刀库

（续）

刀库名称	结构形状	特　点
加长链条式刀库		结构紧凑、刀库容量大，刀座固定在环形链节上，有单排链和折叠回绕链，链环的形状也可随机床布局制成各种形式，灵活多变。换刀系统采用电动机加机械凸轮结构，结构简单、动作可靠，但价格较高。一般刀具在30~120把时，多采用链条式刀库
斗笠式刀库		刀库容量通常为16~24把刀具，体积小、安装方便

1）顺序选刀方式。顺序选刀方式是将刀具按加工工件的顺序，依次放入刀库的每一个刀座内。每次换刀时，刀库按顺序转动一个刀座的位置，并取出所需要的刀具。已经使用过的刀具可以放回原来的刀座内，也可以按顺序放入下一个刀座内。更换工件时，须重新排列刀库中的刀具顺序。刀库中的刀具在不同的工序中不能重复使用，相应地增加了刀具的数量和容量，降低了刀具和刀库的利用率。此外，装刀时必须十分谨慎，如果刀具不按顺序装在刀库中，将会造成严重事故。

顺序选刀方式不需要刀具识别装置，而且驱动控制也较简单，可以直接由刀库的分度来实现。因此，顺序选刀方式具有结构简单、工作可靠等优点。

2）任意选刀方式。采用任意选刀方式的自动换刀系统中必须有刀具识别装置。这种方式是根据程序指令的要求来选择所需要的刀具，刀具在刀库中不必按照工件的加工顺序排列，可任意存放。每把刀具（或刀座）都编上代码，自动换刀时，刀库旋转，每把刀具（或刀座）都经过"刀具识别装置"接受识别。当某把刀具的代码与数控指令的代码相符合时，该把刀具被选中，并被送到换刀位置，等待机械手来抓取。刀库中刀具的排列顺序与工件加工顺序无关，相同的刀具可重复使用。因此，其刀具数量比顺序选刀方式的刀具可少一些，刀库也相应地小一些。

任意选刀方式须对刀具进行编码识别，编码方式主要有以下三种。

① 刀具编码方式。这种方式采用特殊结构的刀柄，并对每把刀具进行编码。换刀时通过编码识别装置，根据数控系统发出的换刀指令代码，在刀库中寻找所需要的刀具。这种方式装刀、换刀方便，刀库容量减小，还可避免因刀具顺序的差错所造成的事故。

② 刀座编码方式。这种方式对刀库的刀座进行编码，并将与刀座编码相对应的刀具一

一放入指定的刀座中，然后根据刀座编码选取刀具。由于这种编码方式取消了刀柄中的编码环，使刀柄结构大为简化，但在自动换刀过程中必须将用过的刀具放回原来的刀座中，增加了换刀的动作。刀座编码的突出优点是在加工过程中刀具可以重复使用。

③ 编码附件方式。这种方式可分为编码钥匙、编码卡片、编码杆和编码盘等。应用最多的是编码钥匙，即先给刀具都缚上一把表示该刀具号的编码钥匙，当把刀具放入刀库中时，识别装置可以通过识别编码钥匙的号码来选取该钥匙旁边的刀具。从刀座中取出刀具时，刀座中的编码钥匙也被取出，刀库中原来的编码随之消失。因此，这种方式具有更大的灵活性。采用这种编码方式，用过的刀具不必放回原来的刀座。

（3）刀具交换装置　它是用来实现刀库和机床主轴之间的传递与装卸刀具的装置，一般常用的有如下两种。

1）利用刀库与机床主轴的相对运动实现刀具交换。通过刀库和主轴箱的配合动作来完成换刀，适用于刀库中刀具位置与主轴上刀具位置一致的情况，一般是把盘式刀库设置在主轴箱可以运动到的位置，或整个刀库能移动到主轴箱可以到达的位置。换刀时，主轴运动到刀库上的换刀位置，由主轴直接取走或放回刀具。这种形式多用于采用 40 号以下刀柄的中小型加工中心。

2）采用机械手进行刀具交换。由刀库选刀，再由机械手完成换刀动作。这种机械手换刀灵活、动作快、结构简单，因此加工中心普遍采用这种形式。

二、数控车床的电动刀架控制系统

数控机床使用的回转刀架是最简单的自动换刀装置，有四工位刀架、六工位刀架等，即在其上装有四把、六把或更多的刀具。通过 PLC 对控制刀架的所有 I/O 信号进行逻辑处理及计算，实现刀架的顺序控制。另外，为了保证换刀能够正确进行，系统一般还要设置一些相应的参数来对换刀过程进行调整。图 2-73 所示为数控车床回转刀架，它适用于轴类、盘类零件的加工。下面以四工位回转电动刀架为例介绍其工作原理。

a）四工位回转电动刀架

b）卧式数控车床电动刀架

图 2-73　数控车床回转刀架

1. 四工位电动刀架的工作原理

目前经济型数控车床采用回转四工位电动刀架，它具有良好的强度和刚度，以承受粗加工的切削力；同时还要保证回转刀架在每次转位时的重复定位精度。该电动刀架采用蜗杆传动，上下齿盘啮合、螺杆夹紧的工作原理，其工作过程包括刀架抬起、刀架转位、刀架定位和刀架压紧四个过程，其换刀过程如图 2-74 所示。

（1）刀架抬起　当数控系统发出换刀指令后，通过接口电路使刀架电动机正转。经传动装置驱动蜗杆蜗轮机构，蜗轮带动丝杠螺母机构逆时针方向旋转，此时由于齿盘处于啮合状态，在丝杠螺母机构转动时，使上刀架体产生向上的轴向力，将齿盘松开并抬起，直至两定位齿盘脱离啮合状态，从而带动上刀架和齿盘产生"上抬"动作。

（2）刀架转位　当刀架抬到一定距离后，上、下齿盘完全脱开。这时与蜗轮丝杠连接的转位套随蜗轮丝杠一起转动。当齿盘完全脱开时，球头销在弹簧作用下进入转位套的凹槽中，带动刀架体转位，同时带动磁缸转动，并与信号盘（霍尔开关电路板）配合进行刀号的检测。

（3）刀架定位　当系统程序的刀号与实际刀架检测的刀号一致时，系统输出电动机反转信号，电动刀架反转。这时球头销从转位套的槽中被挤出，使定位销在弹簧作用下进入粗定位盘的凹槽中进行粗定位。这时上刀架停止转动，电动机继续反转，使其在该位置落下，通过丝杠螺母机构使上刀架与齿盘重新啮合，实现精确定位。

（4）刀架压紧　刀架精确定位后，电动机继续反转（反转时间由系统 PLC 控制），夹紧刀架，当两齿盘夹紧力增加到一定值且刀架反转时间到达后，数控装置发出停止电动机反转的信号，从而完成一次换刀过程。

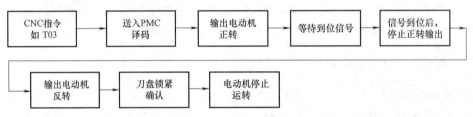

图 2-74　系统换刀过程

2. 电动刀架发信盘的工作原理

电动刀架发信盘是固定在刀架内部中心固定轴上由尼龙材料封装的圆盘部件。发信盘的内部根据刀架工位数设有四个或六个霍尔器件，并与固定在刀架上的磁钢共同作用来检测刀具的位置，如图 2-75 所示。

（1）发信盘内部结构和工作原理　四工位发信盘共有六个接线端子，两个端子为直流电源端，其余四个端子按顺序分别接四个刀位所对应的霍尔器件的控制端根据霍尔传感器的输出信号来识别和感知刀具的位置状态。当程序指令刀架更换 2 号

图 2-75　电动刀架发信盘实物图

刀具时，刀架电动机驱动刀架旋转；当在刀架上的磁钢到达发信盘的 2 号位置时，霍尔器件就会发出开关信号给数控系统刀架位置控制接口，确定刀具已到达确定位置并锁住刀架。电动刀架发信盘原理电路图如图 2-76 所示。从原理图可知，发信盘的主要部件是霍尔器件。

（2）霍尔器件结构和检测　刀架发信盘的内部核心元件是霍尔器件，它是由电压调整器、

霍尔电压发生器、差分放大器、施密特触发器和集电极开路的输出级集成的磁敏传感电路，其输入为磁感应强度，输出是一个数字电压信号。它是一种单磁极工作的磁敏电路，适合于在矩形或者柱形磁体下工作。数控车床电动刀架的发信盘通常采用 3020 型霍尔开关器件，采用 TO-92T 封装，标志面为磁极工作面。图 2-77 所示为霍尔器件内部功能框图。霍尔开关器件具有电源电压范围宽（DC4.5~24V），开关速度快，没有瞬间抖动，工作频率宽（DC0~100kHz），能直接和晶体管及 TTL、MOS 等逻辑电路接口，对环境要求不苛刻等优点。

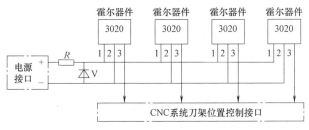

图 2-76　电动刀架发信盘原理电路图

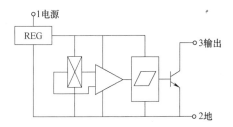

图 2-77　霍尔器件内部功能框图

 提示

霍尔器件的检测方法如下：

检测霍尔开关器件时，将器件的引脚 1、2 分别接到直流稳压电源（可选 20V）的正负极，指针式万用表在电阻档（×10）上，黑表笔接引脚 3，红表笔接引脚 2，此时万用表的指针没有明显偏转。当用一磁铁贴近霍尔器件标志面时，指针有明显的偏转（若无偏转可将磁铁调换一面再试），磁铁离开指针又恢复原来位置，表明该器件完好，否则该器件已坏。

三、CAK4085di 数控车床电动刀架控制电路分析

CAK4085di 数控车床电动刀架的控制电路，如图 2-78a 所示。在手动或自动方式下，如果数控装置有刀具松开指令，机床数控装置控制 PLC 输出使 I/O 模块中的 Y2.1 有效，KA2 继电器线圈通电，继电器 KA2 的常开触点闭合，使刀架正转接触器 KM4 线圈获电，主触点闭合，电动刀架开始正转并进行选刀处理。刀架在正向旋转的过程中不停地对刀位输入信号进行检测，如图 2-78b 所示，每把刀具各有一个霍尔位置检测开关。各刀具按顺序依次经过发磁体位置产生相应的刀位信号，刀位信号通过 I/O 模块中的 X7.0、X7.1、X7.2 和 X7.3 反馈到数控装置中去。当产生的刀位信号和目的刀位寄存器中的刀位相一致时，数控装置发出关闭刀架电动机正转信号，然后发出反转信号使 I/O 模块中的 Y2.2 有效，KA3 继电器线圈通电，继电器 KA3 的常开触点闭合，使刀架反转接触器 KM5 线圈获电，主触点闭合，刀架电动机开始反转并锁紧，经系统参数设置的时间后停止反转，换刀结束，然后开始执行下一个命令。

 提示

系统中刀架反转时间参数如果设定得太长，容易烧毁电动机或造成电动机过热断路器跳闸；如果设定得太短，刀架锁不紧。这个参数在机床出厂时已经设定好了，一般不要随意更改。

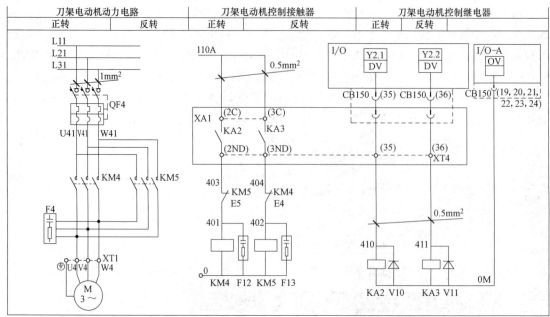

a) 电动刀架主控制电路

b) 电动刀架刀位信号控制电路

图 2-78　电动刀架控制电路

实训项目六　刀架控制装置的安装与接线

一、实训目标

1）理解电动刀架工作原理。

2）能够读懂数控车床电动刀架系统电气控制原理图。

3）能够正确设计刀架电气线路图。

4）能独立完成电气控制电路的安装与接线。

二、实训步骤

1. 任务准备

需要的实训设备及工具材料见表 2-22。

表 2-22 实训设备及工具材料

序号	设备与工具	型号与名称	数量
1	数控车床	CAK4085di	1 台
2	机床资料	数控车床电气说明书、数控系统操作说明书	1 套
3	常用电工工具	自定	1 套
4	仪器仪表	自定	1 套
5	绘图工具	自定	1 套

2. 识读电动刀架控制系统的电路图

（1）准备资料 准备机床电气使用说明书、数控系统使用手册和电动刀架使用说明书。

（2）参考资料 在教师的指导下按照下列流程识读电路图。

1）识读电动刀架主电路。

2）识读电动刀架控制信号流程。

【操作提示】

在教师的指导下，重点查阅资料理解各控制端子的含义和信号流程。

3. 绘制电气电路图

参考资料，在教师的指导下完成下列电气电路图的绘制。

1）绘制电动刀架主电路。

2）绘制电动刀架控制信号电路。

【操作提示】

① 绘制电路图时应保持图面整洁。

② 绘制电气电路图时，元器件符号应正确规范，电路应具有完善的保护功能。

③ 条件许可时，可参照实际数控机床绘制机床的电路图。

4. 电动刀架的接线

（1）电动刀架主电路的接线 按照图 2-78a 所示，完成电动刀架主电路的连接。

（2）数控系统与电动刀架控制信号线路的连接 按照图 2-78b 所示，进行数控系统与电动刀架控制信号线路的连接。

（3）系统线路检查

1）通电前，按照信号从强到弱的顺序检查线路有无短路和接触不良等现象。

2）检查刀架电动机的电源相序。

3）检查直流电源的极性。

4）检查地线的连接，并保证保护接地电阻值小于 1Ω。

5. 系统通电

1）按照要求在指导教师监督下通电。

2）线路通电后，必须检查各单元模块的电源极性和电压是否符合要求。

实训完毕，切断电源，整理场地。

三、项目测评

完成任务后，学生先按照表 2-23 进行自我测评，再由指导教师评价审核。

表 2-23 测评表

序号	项目	考核内容及要求	配分	评分标准	扣分	得分
1	识读与绘制电路图	1. 识读与绘制主电路（10） 2. 识读与绘制电动刀架控制电路（10） 3. 图面清洁（10）	30	1. 不能正确识读与绘制主电路，每错一处扣 2 分 2. 不能正确识读与绘制电动刀架控制电路，每错一处扣 2 分 3. 图面不清洁，扣 10 分		
2	材料准备与连线前检查	1. 检查工具（5）、资料（5）是否准备齐全 2. 认识与检查电器元器件（10）	20	1. 工具不齐全，每少一件扣 1 分 2. 资料不齐全，扣 5 分 3. 不认识、不会检测或漏检元器件，每次扣 2 分		
3	数控系统与电动刀架的连接	1. 进行主电路连接（20） 2. 正确进行数控系统与电动刀架控制电路的连接（20）	40	1. 不能正确使用工具，每次扣 1 分 2. 损坏元器件，扣 5 分 3. 不会连接数控系统电路，错一处扣 2 分 4. 不能连接伺服驱动器电路，错一处扣 2 分		
4	安全文明生产	应符合国家安全文明生产的有关规定	10	违反安全文明生产有关规定不得分		
指导教师评价					总得分	

【思考与练习】

一、填空题（将正确答案填在横线上）

1. 数控车床常用的刀架类型是_____。

2. 自动换刀装置应当具备换刀时间_____、刀具重复定位精度_____、足够的_____、换刀空间_____、动作_____、使用稳定和刀具识别准确等特性。

3. 常采用的四工位回转电动刀架的工作过程包括_____、_____、_____、_____四个阶段。

4. 带刀库的自动换刀系统由_____和_____交换装置组成。

5. 在刀库中选择刀具通常有_____和_____方式两种。

二、简答题与制图

1. 简述四工位回转电动刀架的换刀过程。

2. 以 FANUC 0i Mate-TD 系统为例，绘制电动刀架控制系统电路图。

第六节 冷却与润滑控制系统

一、数控机床冷却系统

数控机床冷却系统主要用于在切削过程中冷却刀具与工件，同时也起冲屑作用。为了获得较好的冷却效果，冷却泵泵出的切削液需要通过刀架或主轴前的喷嘴喷出，直接喷向刀具与工件的切削发热处。切削液的开、关由数控系统中的辅助指令 M08、M09 来分别控制。

CAK4085di 数控车床冷却泵电气控制电路如图 2-79 所示。当有手动或自动冷却指令时，由系统中 PLC 输出通过 I/O 模块接口 Y2.0 有效，KA1 继电器线圈通电，继电器常开触点闭合，KM3 交流接触器线圈通电，在冷却泵主电路中交流接触器 KM3 主触点吸合，冷却泵电动机旋转，带动冷却泵工作。

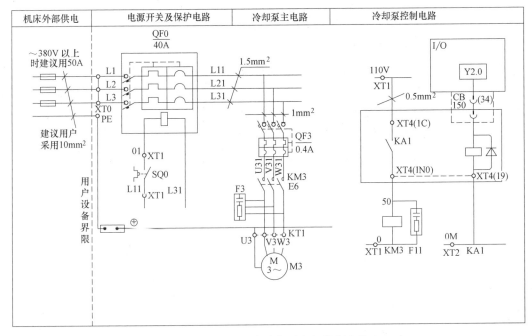

图 2-79　数控车床冷却泵电气控制电路

二、数控机床润滑系统

数控机床润滑系统在机床中占有十分重要的位置，对于提高机床加工精度、延长机床使用寿命等都有着十分重要的作用。它主要完成对机床导轨、滚珠丝杠（图 2-80）、传动齿轮及主轴箱等的润滑，润滑形式有电动间歇润滑泵润滑和定量式集中润滑泵润滑等，如图2-81

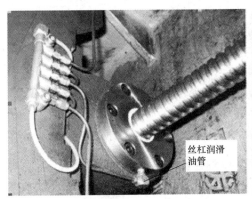

图 2-80　机床滚珠丝杠和导轨润滑

111

所示。其中，电动间歇润滑泵应用较多，可实现自动间歇、周期供油，润滑间歇时间和每次泵油量可根据润滑要求进行调整或由参数设定。

1. 数控机床润滑系统的电气控制要求

1）首次开机时，自动润滑15s。

2）机床运行时，达到固定间隔时间自动润滑一次，而且润滑间隔时间可由用户通过PMC参数进行调整。

3）润滑过程可通过机床操作面板上的润滑手动开关控制。

4）润滑油面过低时，系统出现报警提示，系统不能循环启动。

2. 润滑系统电气控制电路分析

CAK4085di数控车床润滑系统电气控制电路如图2-82所示。开启机床润滑泵开关，由数控系统PMC通过I/O模块控制输出接口Y2.6有效时，输出继电器KA7线圈获电，常开触点闭合，集中润滑装置（润滑泵）接通220V电源，实现润滑控制。SL10为润滑系统油面下限检测开关，通过I/O模块的输入口X7.7输入系统润滑油面过低报警信号。当润滑油面过低时，X7.7有效，系统出现报警提示，并通过PMC切断机床循环启动回路。

图 2-81　电动间歇润滑泵

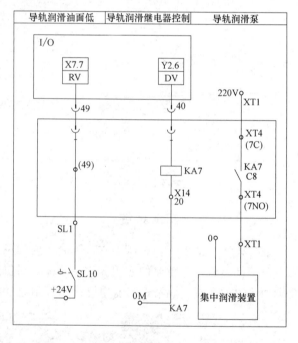

图 2-82　数控车床润滑系统电气控制电路

实训项目七　冷却泵与润滑系统的安装与接线

一、实训目标

1）能够读懂数控车床冷却与润滑系统电气控制原理图。

2）正确设计润滑与冷却系统的电气线路。

3）能独立完成润滑与冷却系统电气线路的安装与接线。

二、实训步骤

1. 任务准备

实施本任务所需要的实训设备及工具材料见表2-24。

表2-24 实训设备及工具材料

序号	设备与工具	型号与名称	数量
1	数控车床	CAK4085di	1台
2	机床资料	数控车床电气说明书、数控系统操作说明书	1套
3	常用电工工具	自定	1套
4	仪器仪表	自定	1套
5	绘图工具	自定	1套

2. 识读润滑与冷却系统的电路图

（1）准备资料 准备机床电气说明书、数控系统操作说明书。

（2）参考资料 在教师的指导下按照下列流程识读电路图。

1）识读润滑泵主电路及控制信号流程。

2）识读冷却泵主电路及控制信号流程。

3. 绘制电路图的步骤

参考资料，在教师的指导下完成下列电路图的绘制。

1）绘制润滑泵电路图。

2）绘制冷却泵电路图。

【操作提示】

① 绘制电路图时应保持图面整洁。

② 绘制电路图时，元器件符号应正确规范，电路应具有完善的保护功能。

③ 条件许可时，可参照实际数控机床绘制机床的电路图。

4. 润滑与冷却系统的接线

（1）润滑泵线路的接线 按照图2-82所示，完成润滑泵线路的连接。

（2）冷却泵线路的连接 按照图2-79所示，完成冷却泵线路的连接。

5. 系统线路检查

1）通电前，按照信号从强到弱的顺序检查线路有无短路和接触不良等现象。

2）检查电动机强电电缆的相序。

3）检查地线的连接，并保证保护接地电阻值小于1Ω。

6. 系统通电

按照要求在指导教师监督下通电。

实训完毕，切断电源，整理场地。

三、项目测评

完成任务后，学生先按照表2-25进行自我测评，再由指导教师评价审核。

表 2-25　测评表

序号	项目	考核内容及要求	配分	评分标准	扣分	得分
1	识读与绘制电路图	1. 识读与绘制润滑泵电路 (15) 2. 识读与绘制冷却泵电路 (15) 3. 图面清洁(5)	35	1. 不能正确识读与绘制润滑泵电路，每错一处扣2分 2. 不能正确识读与绘制冷却泵电路，每错一处扣2分 3. 图面不清洁，扣5分		
2	材料准备与接线前检查	1. 检查工具(5)、资料(5)是否准备齐全 2. 认识与检查电器元器件(5)	15	1. 工具不齐全，每少一件扣1分 2. 资料不齐全，扣5分 3. 不认识、不会检测或漏检元器件，每次扣1分		
3	润滑与冷却系统的连接	1. 正确连接润滑泵系统电路(20) 2. 正确连接冷却泵系统电路(20)	40	1. 不能正确使用工具，每次扣1分 2. 损坏元器件，扣5分 3. 不会连接数控系统电路，每错一处扣2分 4. 不能连接伺服驱动器电路，每错一处扣2分		
4	安全文明生产	应符合国家安全文明生产的有关规定	10	违反安全文明生产有关规定不得分		
指导教师评价					总得分	

【思考与练习】

一、填空题（将正确答案填在横线上）

1. 数控机床冷却系统的作用是_____、_____、_____等。

2. 数控机床润滑对象主要包括_____、_____、_____及_____等的润滑，其润滑形式有_____和_____等。

3. 数控系统中切削液的开、关由辅助指令_____来控制。

4. 冷却泵控制回路中 KM3 线圈电压是_____ V，KA1 线圈电压是_____ V。

二、简答题

1. 数控机床润滑系统的电气控制要求有哪些？

2. 简述冷却泵的工作原理。

第七节　数控机床抗干扰技术

数控系统是由微电子电路构成的，在环境较恶劣的工业现场下使用时，数控系统极易受到电磁干扰、电网干扰和接地干扰的影响，如图 2-83 所示。为保证系统在此环境中能够正常工作，系统必须具有相应的抗干扰措施，且必须达到电磁兼容性要求。数控机床的干扰类型及抗干扰措施见表 2-26。

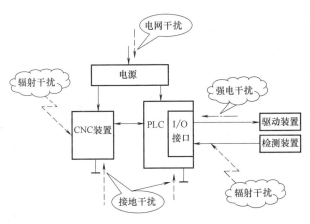

图 2-83 数控系统干扰的构成

表 2-26 数控机床的干扰类型及抗干扰措施

干扰类型		传递方式	干扰源	抗干扰措施
电磁干扰	强电干扰	它是一种电磁干扰,具有传导性和辐射性,既可由电缆传递,又可以电磁场辐射形式传播	主要来自强电箱内驱动电路中接触器、电磁铁、继电器等电磁器件动作时产生的电磁尖脉冲或浪涌噪声,不仅干扰驱动电路自身,还干扰其他信号电路	1. 传导方式的强电干扰,可采取特殊接口电路来阻断干扰信号的传递 2. 辐射方式的强电干扰,可采取屏蔽与可靠接地方式
	辐射干扰	以空间感应方式传播,包括电磁波干扰与静电干扰	主要来自电火花,中、高频电加热,电焊机等设备产生的强烈脉冲型电磁波,通过空间辐射干扰数控机床	抗辐射干扰有硬件措施和软件措施 1. 硬件措施:可采取感应体接地;采用带屏蔽层的信号线,并将屏蔽层单端接地;不要把屏蔽层当作信号线或公共线使用 2. 软件措施:采取软件滤波,即在软件中编写滤波程序
接地干扰	接地噪声干扰	具有传导性和辐射性,既可由电缆传递,也可以噪声波的形式在空间传播	是由过大的接地电阻与接地电位差,以及它们的变化造成的	1. 机床接地点选择要合理 2. 接地体的几何形状与埋设符合技术要求,接地电阻小于 1Ω,接地线要粗(横截面积应大于电源线的横截面积) 3. 接地点的焊接连接要可靠,防止虚焊
	接地噪声耦合干扰		主要是由各种屏蔽地间的电位差,以及多点接地构成接地回路造成的	采取单端一点接地方法
	电网干扰	具有传导性和辐射性,既可由电缆传递,也可以噪声波的形式在空间传播	主要是由电力不足、电网电压(频率、幅值、相位)不稳定、电网分配不合理以及电源系统本身抗干扰能力差等因素造成的	1. 抗电网内部干扰的措施:采取低通滤波器、隔离变压器、稳压电源 2. 抗电网外部干扰的措施:远离电网干扰源

115

一、数控系统中常见的接口电路

1. 吸收网络电路（图 2-84）

（1）RC 阻容吸收电路　在交流接触器线圈的两端和交流电动机的三相电源输入端上并联 RC 吸收器，可抑制、吸收干扰噪声。

（2）压敏电阻保护（浪涌吸收器）　将其并联接在数控系统控制电路交流电源输入端或三相输入端；或并联接在驱动装置的交流电源输入端，可减少线路中的瞬变、尖峰等噪声。

（3）续流二极管保护　将其反向并联接在直流电感元件两端，在直流电感元件断电时，线圈上将产生较大的感应电动势，由二极管提供泄流回路，可减少对控制电路的干扰。

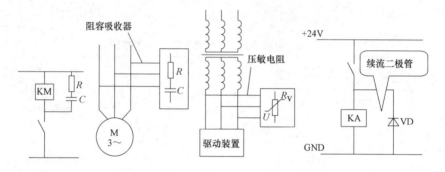

图 2-84　吸收网络电路

2. 光耦合隔离电路

光耦合隔离电路常用于驱动接口，目的是隔离驱动器的强电干扰，并将其反馈到控制电路，如图 2-85 所示。

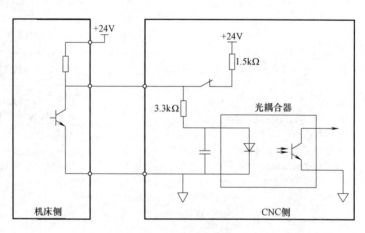

图 2-85　光耦合隔离电路

3. 隔离放大器（差动运算放大器隔离）

差动运算放大器隔离是一种变通接口的隔离，如图 2-86 所示。这是一种补偿消除法，干扰信号作用到放大器两个输入端后被互相抵消了。

二、数控机床接地技术

1. 接地的意义

接地是提供一个等电位点或电位面。为了防止共地线阻抗干扰，在每台设备中可能有多种接地线，但概括起来可以分为保护地线（安全接地）、工作地线（工作接地）、屏蔽地线（屏蔽接地）三类。

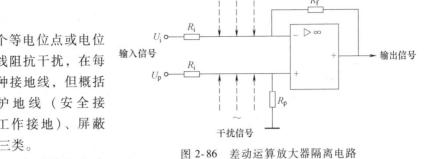

图 2-86 差动运算放大器隔离电路

（1）安全接地 为了保护人身和设备的安全，免遭雷击、漏电、静电等危害，设备的机壳、底盘所接地线称为保护地线，应与电气系统中的大地进行可靠连接。

（2）工作接地 为了保证设备的正常工作，直流电源通常需要有一极接地作为参考零电位，其他极与之相比较，例如±15V、±5V、±24V 等。信号传输也常需要有一根线接地作为基准电位，传输信号的大小与该基准电位相比较，这类地线称为工作地线。在系统中一定要注意工作地线的正确接法，否则非但起不到作用，反而可能产生各种干扰。工作接地有浮地、一点接地和多点接地等方式。

（3）屏蔽接地 为了防止电磁干扰，在一些设备的屏蔽层与地或干扰源的金属壳体之间所做的可靠电气连接称为屏蔽接地。图 2-87 所示为各种信号的屏蔽接地方式。

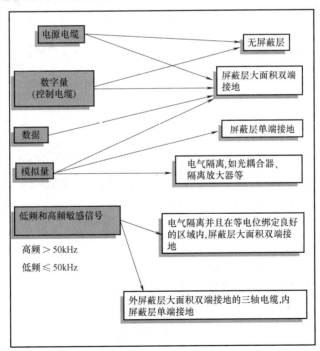

图 2-87 各种信号的屏蔽接地方式

2. 数控机床接地系统

图 2-88 和图 2-89 所示为数控机床一点接地系统，由图可知：

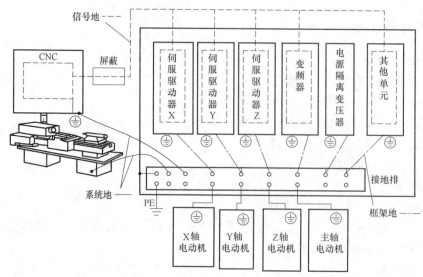

图 2-88　数控机床一点接地系统

1）电气设备都应设计专门的保护接地端子。保护接地端子与电气设备的机壳、底盘等应实现良好的电气连接，不允许用设备外壳、底盘等紧固螺钉来代替保护接地端子。

2）在电气控制柜内部不允许中性线与地线相连接，也不允许共用一个端子 PEN。

3）在机柜内同时装有多个电气设备（或电路单元）的情况下，工作地线、保护地线和屏蔽地线一般都接至机柜的中心接地点（接地排），然后接大地。接地排可采用厚度≥3mm 的铜板，接地电阻应小于 4Ω。这种接法可使柜体、设备、机箱、屏蔽和工作地都保持在同一电位上。

4）设备内的各种电路，如模拟电路、数字电路、功率电路、噪声电路等都设置各自独立的地线（分地），最后汇总到一个总的接地点。

5）数控系统中数控装置与伺服驱动器、变频器间的信号传输线一般推荐采用屏蔽双绞线，且屏蔽层采用双端接地方式。

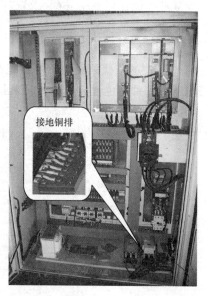

图 2-89　数控机床接地系统实物图

三、导线绑扎处理

在配线过程中，通常将各类导线绑扎成圆形线束，线束的线扣节距力求均匀，导线线束的绑扎规定见表 2-27。实际配线时应注意以下问题。

表 2-27　导线线束的绑扎规定

项目	线束直径/mm			
	5~10	10~20	20~30	30~40
绑扎带长度/mm	50	80	120	80
线扣节距	50~100	100~150	150~200	200~300

1）线束导线超过 30 根时，允许加一根备用导线并在其两端进行标记，标记采用回插的方式防止脱落。

2）线束在跨越活动门时，其导线不应超过 30 根，超过时应分理出一束线束。

3）不要将大电流的导线与低频的信号线绑扎成一束。

4）没有屏蔽措施的高频信号线不要与其他导线绑扎在一起。

5）高电平信号线与低电平信号线不能绑扎在一起，也不能和其他导线绑扎在一起。

6）高电平信号线与输出线不要绑扎在一起。

7）直流电路中的导线不要和低电平信号线绑扎在一起。

8）主电路导线不要与屏蔽信号线绑扎在一起。

【思考与练习】

简答题

1. 数控机床中的抗干扰措施有哪些？

2. 导线在配线绑扎时，应注意哪些问题。

数控机床电气控制系统的调试

第三章

第一节　数控系统基本参数与数据备份

一、数控系统基本参数

数控机床的基本参数主要有机床参数、伺服参数、主轴参数及其他参数。下面以FANUC 数控系统为主，根据参数的功能分类方法来学习相关参数。

1. 数控机床与轴有关的参数

（1）参数号 1020　表示数控机床各轴的程序名称，如在系统显示画面显示的 X、Y、Z 等。一般车床为 X、Z 轴，设定为 88、90；铣床与加工中心为 X、Y、Z 轴，设定为 88、89、90 等，具体设定见表 3-1。

表 3-1　参数号 1020 设定含义

轴名称	X	Y	Z	A	B	C	U	V	W
设定值	88	89	90	65	66	67	85	86	87

（2）参数号 1022　表示数控机床设定各轴为基本坐标系中的哪个轴，一般设置为 1、2、3，具体设定见表 3-2。

表 3-2　参数号 1022 的设定含义

设定值	含义	设定值	含义
0	旋转轴	5	X 轴的平行轴
1	基本 3 轴的 X 轴	6	Y 轴的平行轴
2	基本 3 轴的 Y 轴	7	Z 轴的平行轴
3	基本 3 轴的 Z 轴		

（3）参数号 1023　表示数控机床各轴的伺服轴号，也可以称为轴的连接顺序，一般设置为 1、2、3，设定各控制轴为对应的第几号伺服轴。

（4）参数号 8130　表示数控的最大轴数。

2. 数控机床与存储行程检测相关的参数

（1）参数号 1320　表示各轴的存储行程限位 1 的正方向坐标值。一般指定的为软正限位的值，当机床回参考点后，该值生效，实际位移超出该值时出现超程报警。

（2）参数号 1321　表示各轴的存储行程限位 1 的负方向坐标值。与参数 1320 不同的是指定的是负限位。

3. 数控机床与 DI/DO 有关的参数

（1）参数号 3003　3003#0 表示是否使用数控机床所有轴互锁信号，该参数需要根据 PMC 的设计进行设定；3003#2 表示是否使用数控机床各个轴互锁信号；3003#3 表示是否使用数控机床不同轴向的互锁信号。

（2）参数号 3004　3004#5 表示是否进行数控机床超程信号的检查，当出现 506、507 报警时可以设定。

（3）参数号 3030　表示数控机床 M 代码的允许位数。该参数表示 M 代码后边数字的位数，超出该设定出现报警。

（4）参数号 3031　表示数控机床 S 代码的允许位数。该参数表示 S 代码后数字的位数，超出该设定出现报警。例如，当 3031 = 3 时，在程序中出现 S1000 即产生报警。

（5）参数号 3032　表示数控机床 T 代码的允许位数。

4. 数控机床与显示、编辑相关的参数

（1）参数号 3105　3105#0 表示是否显示数控机床实际速度；3105#1 表示是否将数控机床 PMC 控制的移动加到实际速度显示；3105#2 表示是否显示数控机床实际转速、T 代码。

（2）参数号 3106　3106#4 表示是否显示数控机床操作履历画面；3106#5 表示是否显示数控机床主轴倍率值。

（3）参数号 3108　3108#4 表示数控机床在工件坐标系画面上，计数器输入是否有效；3108#6 表示是否显示数控机床主轴负载表；3108#7 表示数控机床是否在当前画面和程序检查画面上显示 JOG 进给速度或者空运行速度。

（4）参数号 3111　3111#0 表示是否显示数控机床用来显示伺服设定画面软件；3111#1 表示是否显示数控机床用来显示主轴设定画面软件；3111#2 表示数控机床主轴调整画面的主轴同步误差。

（5）参数号 3112　3112#2 表示是否显示数控机床外部操作履历画面；3112#3 表示数控机床是否在报警和操作履历中登录外部报警/宏程序报警。

二、系统参数的设置

1. 上电全清

当系统第一次通电时，需要进行参数上电全清，全清前先进行参数备份。

操作步骤：接通电源时，同时按下 MDI 面板上的［RESET］和［DEL］键，全清后一般会出现如图 3-1 所示的报警画面，具体的报警解释见表 3-3。

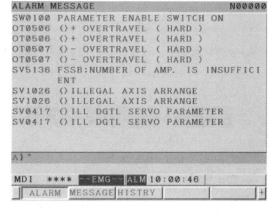

图 3-1　全清报警画面

表 3-3　上电全清报警解释

报警号	含义	报警原因及对策
100	参数可输入	原因:参数写保护打开 对策:使设定画面第一项 PWE=1
506/507	硬超程报警	原因:梯形图中没有处理硬件限位信号 对策:设定 3004#5(OTH)为 1 可消除
417	伺服参数设定不正确	对策:重新设定伺服参数,进行伺服参数初始化
5136	FSSB 电动机号码不正确	原因:FSSB 设定没有完成或未设定 对策:如果需要系统不带电调试,把 1023 设定为−1,屏蔽伺服电动机,可消除 5136 报警

2. 显示参数的操作

按 MDI 面板上的〔SYSTEM〕功能键数次,或者按〔SYSTEM〕功能键一次,再按〔参数〕软键,选择参数画面如图 3-2 所示。参数画面由多页面组成,可以通过以下两种方法选择需要显示的参数画面。

1）用光标移动键或翻页键,显示需要的画面。

2）由键盘输入要显示的参数号,然后按下〔搜索〕软键,这样可显示指定参数所在的页面,光标同时处于指定参数的位置,如图 3-3 所示。

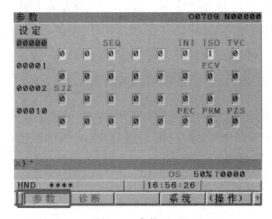

图 3-2　参数画面

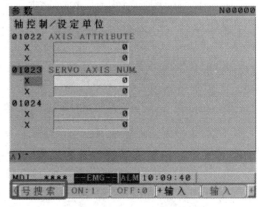

图 3-3　按参数号搜索画面

3. 参数设置方法

可以使用钥匙开关防止错误地修改参数,按以下步骤写入数控参数。

（1）用 MDI 设定参数

1）在操作面板上选择 MDI 方式或急停状态。

确认数控画面显示运转方式为"MDI",或"EMG"在画面中央下方闪烁。

在系统启动时,如没有装入顺序程序,自动变成该状态。

 提示

修改参数应在急停状态下进行!

调试车床时,可能会频繁修改伺服参数等。为安全起见,应在急停状态下进行参数的设定或修改。

另外,在设定参数后对车床的动作进行确认时,应有所准备,以便能迅速按下急停按钮。

2）按下［OFS/SET］功能键，再按［设定］软键，可显示设定画面的第一页。

3）将光标移动到"参数写入"处，按［操作］软键，进入下一级画面。

4）按［NO：1］软键或输入1，再按［输入］软键，将"参数写入"设定为1；这样参数处于可写入状态，同时数控系统发生报警（SW0100）"参数写入开关处于打开"。

5）按［SYSTEM］功能键，再按［参数］软键，进入参数画面，找到需要设定参数的画面，将光标置于需要设定的位置上。

6）输入参数，然后按［INPUT］键，输入的数据将被设定到光标指定的参数中。

7）参数设定完毕，需要将"参数写入"设置为0，即禁止参数设定，防止参数被无意更改。

8）同时按下［RESET］键和［CAN］键，解除SW0100报警。有时在参数设定中会出现报警"PW0000必须关断电源"，此时要关闭数控系统电源再开启。

（2）用"参数设定帮助菜单"来快速设定参数　通常情况下，在参数设置画面输入参数号就可以搜索到对应的参数，从而进行参数的修改。同时，FANUC数控系统还提供了一种简单快捷的操作方式，即利用"参数设定帮助菜单"来分类设置参数。参数设定支援画面的作用是通过在机床起动时汇总需要进行最低限度设定的参数并予以显示，便于机床执行起动操作，通过简单显示伺服调整画面、主轴调整画面、加工参数调整画面等，更便于进行机床的调整。具体操作步骤：按下功能键［SYSTEM］后，按继续菜单键［+］数次，显示软键［PRM设定］；按下软键［PRM设定］，出现参数设定支援画面，如图3-4所示，具体项目名称解释见表3-4。

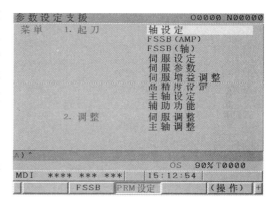

图3-4　参数设定支援画面

表3-4　参数设定支援画面项目名称解释

项目名称	解　释
轴设定	设定轴、主轴、坐标、进给速度、加减速参数等 CNC 参数
FSSB(AMP)	显示 FSSB 放大器设定画面
FSSB(轴)	显示 FSSB 轴设定画面
伺服设定	显示伺服设定画面
伺服参数	设定伺服的电流控制、速度控制、位置控制、反间隙加速的 CNC 参数
伺服增益调整	自动调整速度环增益
高精度设定	设定伺服的时间常数、自动加减速的 CNC 参数
主轴设定	显示主轴设定画面
辅助功能	设定 DI/DO、串行主轴等的 CNC 参数
伺服调整	显示伺服调整画面
主轴调整	显示主轴调整画面
AICC 调整	显示加工参数调整(先行控制/AI 轮廓控制)画面

提示

有些参数以 8 位数值显示时，在系统屏幕上从右到左依次为第 0 ~ 7 位，资料中以"XX#0"表示第 XX 号参数的第 0 位，以"XX#2"表示第 XX 号参数的第 2 位。

例如，利用"参数设定帮助菜单"进行"轴设定"的操作如下：

1）按几次［SYSTEM］功能键，进入"参数设定支援"画面。

2）在图 3-4 所示的画面上选择"轴设定"，依次按下［（操作）］→［选择］键，可设置以下参数，见表 3-5（这些参数是保证各轴电动机能够正常起动和正常运行的必需参数）。

表 3-5 轴设定参数

参数定义	参数号	设定值	
		X 轴	Z 轴
1:直径指定;0:半径指定	1006#3	0	0
各轴的程序名称	1020	88	90
基本坐标系轴的设定	1022	1	3
每个轴的伺服轴号	1023	1	2
各轴的伺服环增益	1825	3000	3000
各轴移动中的最大允许位置偏差量	1828	20000	20000
各轴停止时的最大允许位置偏差量	1829	1000	1000
旋转轴每转一周的移动量	1260	360	360
各轴正方向存储行程检测 1 的坐标值	1320	根据实际位置测定	
各轴负方向存储行程检测 1 的坐标值	1321	根据实际位置测定	
空运行速度	1410	2000	2000
各轴快速移动速度	1420	1500	1500
各轴快速倍率 F0 的速度	1421	300	300
各轴 JOG 进给速度	1423	1500	1500
各轴的手动快速移动速度	1424	3000	3000
各轴回参考点的 FL 速度	1425	300	300
各轴的快速移动直线加减速的时间常数(T)，各轴的快速移动类型加减速的时间常数(T1)	1620	64	64
各轴切削进给的加减速时间常数	1622	64	64
各轴 JOG 进给的加减速时间常数	1624	64	64

提示

设定参数后，要先断电再上电，以使参数设置生效。在进行真实机床的调试时，若要调整、修改参数，先使用存储卡备份系统中的参数，以方便恢复数据。

三、数控系统的数据备份和恢复

FANUC 数控系统中的加工程序（PROGRAM）、参数（PARAMETER）、螺距误差补偿（PITCH）、宏参数（MACRO）、刀具补偿（OFFSET）、工件坐标系（WORK）、PMC 程序、PMC 数据（PMC-PARAMETER），在机床断电后是依靠安装在控制单元上的电池进行保存的。如果控制单元损坏，电池失效或更换时出现差错，都会导致数据的丢失。如果之前没有做好备份，将导致严重的损失。因此，数控机床平时就要定期开机运行，定期做好数据的备份工作，以防发生意外。FANUC 数控系统有两种进行数据备份和恢复的方法：一是使用存储卡，FANUC 数控系统数据备份用存储卡有 SRAM 存储卡、快闪存储卡、快闪 ATA 卡、CF 卡等，它们所用的工作电压为 5V；二是通过 RS232 串行口与个人计算机进行数据的备份和恢复。两者相比，使用存储卡比较方便，传输性能更优越，推荐使用存储卡进行数据的备份。

1. 利用存储卡进行 NC 参数的备份和恢复

插入存储卡时，注意标签朝右轻轻插入，以免损坏插针。对于小适配器的存储卡，可以盖上保护盖。在拔出存储卡的时候，需要轻轻按下上方的按钮，不能直接强行将卡拔出，如图 3-5 所示。利用存储卡进行 NC 参数的备份和恢复的具体操作步骤如下：

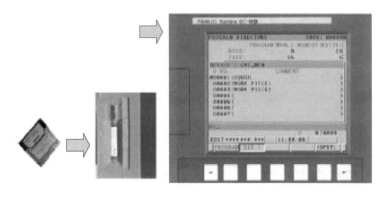

图 3-5　拔插存储卡示意图

1）首先将 20#参数设定为 4，表示通过 M-CARD 进行数据交换，如图 3-6 所示。

 提示

使用存储卡或计算机备份与恢复数据，使用的是不同的输入/输出通道，通道的选择取决于 20#参数的设定。20#参数的意义是选择输入/输出设备，设定为 0 或 1 时使用 RS232 串行口 1，设定为 4 时使用存储卡接口，所以在使用存储卡时务必设置 20#参数为 4。

2）将运行方式切换到编辑方式，插入存储卡。

3）如果要把数控系统参数备份到存储卡中，则按下［SYSTEM］键，再选择［参数］→［（操作）］→［右扩展］→［输出］→［全部］→［执行］软键，此时可以看到屏幕的右下角有"输出"字样闪烁，直到输出完成。

4）如果要把存储卡中备份的参数恢复到数控系统中，则按下［SYS-TEM］键，再选择［参数］→［（操

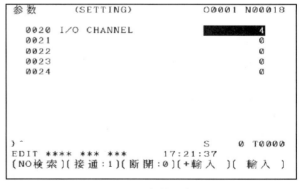

图 3-6　20#参数设定界面

作)］→［右扩展］→［读取］→［执行］软键，此时就可看到屏幕的右下角有"输入"字样闪烁，直到恢复完成。

5）关闭数控系统电源，再重新启动数控系统，参数生效。

提示

将 NC 参数备份到系统中时，使用默认名称，故在恢复到数控系统中时同样使用默认名称。

2. 利用存储卡进行 PMC 程序的备份和恢复

1）将运行方式切换到编辑方式，插入存储卡。

2）按下［SYSTEM］键，再按三下［右扩展］软键→按下［PMCMNT］软键→［I/O］软键，进入输入/输出画面，如图 3-7 所示，进行如下设置：

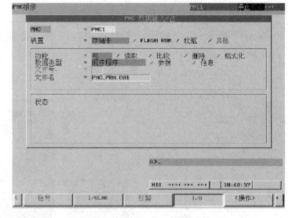

图 3-7　PMC 中文设定界面

装置＝存储卡　　　功能＝写

数据类型＝顺序程序　　文件名＝#TH（以字母和数字任意命名）

 提示

为了便于识别和记忆，将光标移动到"文件名"一栏内，输入"#"（按下［Shift］，再按 2），再输入名字，如"TH"，按［INPUT］键，输入的名字取代了系统默认的名字。

3）名字输入完毕后，按下［执行］软键，程序开始从数控系统传输到存储卡中，同时可以看到传输的进度，直到在左下角出现"正常结束"，传输完成，此时 PMC 程序就以 TH 为文件名备份到存储卡中了。

4）如果要把存储卡中备份的 PMC 程序恢复到数控系统中，按下［SYSTEM］键，再按［右扩展］软键三下→按［PMCMNT］软键→［I/O］软键，进入输入/输出画面，进行如下设置：

装置＝存储卡　　　　　　功能＝读取

数据类型＝顺序程序　　　　文件名＝#TH（以#开头输入存储卡中已有程序的名字）

5）名字输入完毕后，按下［执行］软键，程序开始从存储卡传输到数控系统中，同时可以看到传输的进度，直到在左下角出现"正常结束"，传输完成。

6）程序传输完成后，按下最左侧的返回键，回到上一画面，再按下［I/O］软键，进入输入/输出画面，进行如下设置：

数据类型＝F-ROM　　　　　功能＝写

其他保持默认设置。设置完成后，按下［执行］软键，直到左下角出现"正常结束"，保存完成，把程序存储到数控系统内部存储器中，以防断电丢失。

7）当传输完毕后，将数控系统断电，待数控系统重新上电后，PMC 程序便自动运行，操作面板的各按钮均已生效。

实训项目八　数控系统的参数设置与备份

一、实训目标

1）能熟练进行数控参数的查询与设置操作。

2）能熟练进行系统参数备份与恢复操作。

二、实训步骤

1. 任务准备

所需材料清单见表 3-6。

表 3-6 常用的材料清单

序号	名称	型号与名称	数量
1	数控车床综合实训装置（试验台）	天煌 THWLDF-1C（参考型号）	1 台
2	电工常用工具		1 套
3	实验设备说明书和 FANUC 0i Mate-TD 说明书		各 1 本

2. 在指导教师的示范和指导下，完成下列操作

1）数控系统参数的查询与设置。

2）数控系统参数的备份与恢复。

实训完毕，切断电源，整理场地。

三、项目测评

完成任务后，学生先按照表 3-7 进行自我测评，再由指导教师评价审核。

表 3-7 测评表

序号	项目	考核内容及要求	配分	评分标准	扣分	得分
1	材料准备与操作前检查	检查工具(5) 资料是否准备齐全(5)	10	1. 工具不齐全，每少一件扣 1 分 2. 资料不齐全，扣 5 分		
2	系统参数显示操作	正确操作参数界面(20)	20	1. 不能正确操作界面，扣 10 分 2. 操作不熟练，每处扣 2 分		
3	系统参数设置	正确操作与设置参数（30）	30	1. 不能正确进行参数设置，扣 10 分 2. 操作不熟练，每处扣 2 分 3. 参数设置不全或错误，每处扣 2 分		
4	数据备份与恢复操作	正确进行数据备份与恢复(30)	30	1. 不能正确进行参数备份，扣 10 分 2. 不能正确进行参数恢复，扣 10 分 3. 操作不熟练，每处扣 2 分		
5	安全文明生产	应符合国家安全文明生产的有关规定	10	违反安全文明生产有关规定不得分		
指导教师评价					总得分	

【思考与练习】

1. 系统基本参数有哪些？

2. 简述系统参数的设置步骤。

3. 简述 FANUC 系统数据备份的操作步骤及注意事项。

第二节 数控系统进给伺服参数

在数控系统参数中，伺服参数是非常重要的，通常伺服参数储存在 S-RAM 中，有易失性。因此，在维修与调试中都需要进行伺服参数的设定与调整。

一、FANUC 0i Mate-TD 系统中的常用参数与设定参考值（表 3-8）

表 3-8　常用参数与设定参考值

参数号	一般设定值	说　明
0000#1	1	输出数据位 ISO 代码
103,113	10	波特率
20	4	输入设备接口号,4 为存储卡
1005#0	1	未回零执行自动运行,调试时为 1,否则有(PS224)报警
1006#0	0	直线轴,一般是直线运动的轴,千万不要想到是电动机旋转,设为回转轴,回转工作台才是回转轴
1006#3	1	车床 X 轴,直径编程和半径编程
1020	88,90	轴名称,设定值为轴名称的 ASCII 码
1022	1,3	设定各轴为基本坐标系中的那个轴,2 为 Y 轴,车床没有 Y 轴
1023	1,2	轴连接顺序;轴屏蔽设置为−128,2009#1 = 1
3401#0	1	指令数值单位为 mm,否则默认为 μm,后面所有数据要按 μm 设置,需要输入很多 0
1320	调试为 99999999	存储行程限位正极限,这个值调试为 99999999,在设置好参考点后,手摇方式移动轴接近机械极限位置,看机械坐标值。超出有 500 报警
1321	调试为 99999999	存储行程限位负极限,同上,超出为 501 报警,如果设置 1320 小于 1321,自动忽略 500、501 报警
1401#0	调试为 1	未回零执行手动快速,未设置会发现快移键无效果
1410	1000	空运行速度
1420	3000	各轴快移速度
1421	1000	各轴快移倍率为 F0 的速度
1423	3000	各轴手动速度
1424	同 1420	各轴手动快移速度,也可以为 0
1425	300~400	各轴返回参考点 FL 的速度
1430	1000	各轴最大切削进给速度
1620	50~200	快移时间常数,设置过大,会发现按键和轴移动反应有点慢
1622	50~200	切削进给时间常数
1624	50~200	JOG 时间常数

（续）

参数号	一般设定值	说　明
1815#4	1	机械位置和绝对位置编码器的对应关系未建立,出现 300 报警
1815#5	1	采用绝对值编码器,带电池
1820	2	CMR 值,指令倍乘比
1821	5000	参考计数器容量,对绝对值编码器的意义不大,和回零有关
1825	3000	各轴位置环增益,这些参数不设会出现 417 报警
1826	20	各轴到位宽度
1827	20	切削进给时的到位宽度
1828	10000	各轴移动位置极限偏差
1829	200	各轴停止位置极限偏差
2003#3	1	PI 控制方式
2003#4	1	停止时微小振动设 1
2020	256	电动机代码
2021	200	负载惯量比
2022	111	电动机旋转方向,反向为 -111
2023	8192	速度反馈脉冲数
2024	12500	位置反馈脉冲数,半闭环设置 12500
2084,2085	1/200	柔性齿轮比
3003#0	1	互锁信号无效
3003#2	1	各轴互锁信号无效
3003#3	1	不同轴向的互锁信号无效
3004#5	1	硬超程信号无效,出现 506、507 设置
3105#0	1	实际进给速度显示
3105#2	1	主轴速度和 T 代码显示
3106#4	1	操作履历画面显示
3106#5	1	主轴倍率显示
3108#6	1	显示主轴负载表
3108#7	1	实际手动速度显示
3111#0	1	伺服调整画面显示
3111#1	1	主轴设定画面显示
3111#2	1	主轴调整画面显示
3111#5	1	操作监控画面显示
3112#2	1	外部操作信息履历画面显示
8130	2	控制轴数
8131#0	1	手轮有效
7113	100	手轮进给倍率 m,不设置手轮的 X100 倍率无效
7114	0	手轮进给倍率 n

（续）

参数号	一般设定值	说　明
3716	0	模拟主轴
3717	1	主轴放大器号
3718	80	显示下标
3720	4096	主轴编码器脉冲数
3730	1000	主轴速度模拟输出的增益调整
3735	0	主轴最低钳制速度
3736	1400	主轴最高钳制速度
3741	1400	主轴最大速度
3772	0	主轴上限钳制。设为0,不钳制
8133#5	1	不使用串行主轴

二、FANUC 系统提供的参数标准值设定步骤

FANUC 系统提供的参数设定分为标准值设定和非标准值设定，标准值是 FANUC 建议使用的值，无法进行个别标准值设定，需要通过软键［初始化］，在对象项目内所有参数中设定标准值。

标准值设定的操作步骤如下：

 安全提示

进行本操作时，为了确保安全，请在急停状态下进行。

1）在急停状态下，连续按［SYSTEM］键3次，进入参数设定支援画面，如图3-8所示。

2）在参数设定支援画面上，将光标指向要进行初始化的项目。

3）按下软键［（操作）］，显示如图3-9所示软键［初始化］界面。

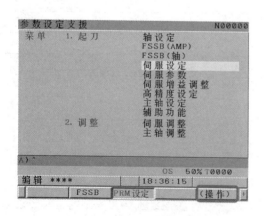

图 3-8　参数设定支援画面

图 3-9　显示初始化界面

4）按下软键［初始化］，界面显示警告信息"是否设定初始值？"如图 3-10 所示。

5）按下软键［执行］，系统自动将所选项目中所包含的参数设定为标准值。如果不希望设定标准值，按下软键［取消］，即可中止设定。另外，没有提供标准值的参数不会被变更，只能手动修改。

三、与轴设定相关的 NC 参数初始设定

进入参数设定支援画面，按下软键［（操作）］，将光标移动至"轴设定"处，按下软键［选择］，出现轴参数设定画面，如图 3-11 所示。此后的参数设定，就在该画面中进行。在轴参数设定画面上，参数被分为基本组、主轴组、坐标组、进给速度组和加减速组共五组，并被显示在每组的连续页面上。每组参数都有标准值和非标准值，要进行标准值和非标准值的设定。

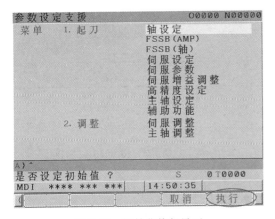

图 3-10　初始化执行界面

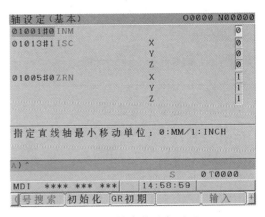

图 3-11　轴参数设定画面

1. 基本组参数设定

（1）标准值设定　按下［Page Up］/［Page Down］键数次，显示基本组画面，而后按下软键［GR 初期］，画面上出现"是否设定初始值？"提示信息，按下软键［执行］，基本组参数的标准值设定完成。

 提示

1）无论从组内的哪个页面上选择［GR 初期］，对于组内的所有页面上的参数，均进行标准值设定。

2）有的参数没有标准值，即使进行了标准值的设定，这些参数的值也不会被改变。

3）进行标准值设定，有时会出现报警（PW0000），此时必须关断电源，并切换到报警画面。

（2）非标准值的参数设定　有的参数是没有标准值的，还需要根据配置进行手工设定，见表 3-9。

表 3-9　非标准值的参数设定

参数号	一般设定值	说　明
1001#0	0	
1013#1	0	

（续）

参数号	一般设定值	说　明
1005#1	0	本设备中不用
1006#0	0	
1006#3	0	
1006#5	0	本设备中不用
1815#1	0	
1815#4	1	
1815#5	1	使用绝对值编码器
1825	3000	
1826	10	
1828	7000	
1829	500	

2. 主轴组参数设定

按下［PAGE］键进入主轴组。

（1）标准值设定　主轴组参数标准值的设定与基本组参数的标准值设定步骤相同。

（2）非标准值的参数设定　见表3-10。

表 3-10　非标准值的参数设定

参数号	一般设定值	说　明
3716	0	
3717	1	
3718	80	
3720	4096	
3730	1000	
3735	0	
3736	1400	
3741	1400	
3772	0	
8133#5	1	

3. 坐标组参数设定

（1）标准值设定　坐标组参数标准值的设定与基本组参数的标准值设定步骤相同。

（2）非标准值的参数设定　见表3-11。

表 3-11 非标准值的参数设定

参数号	一般设定值	说 明
1240	0	
1241	0	
1320	99999999	调试时设置
1321	99999999	调试时设置

4. 进给速度组参数设定

（1）标准值设定 进给速度组参数标准值的设定与基本组参数的标准值设定步骤相同。

（2）非标准值的参数设定 见表 3-12。

表 3-12 非标准值的参数设定

参数号	一般设定值	说 明
1410	1000	
1420	5000	
1421	1000	
1423	1000	
1424	5000	
1425	150	
1428	5000	
1430	3000	

5. 加减速组参数设定

该组无标准参数，需要手工设定，非标准值的参数设定见表 3-13。

表 3-13 非标准值的参数设定

参数号	一般设定值	说 明
1610#0	0	
1610#4	0	
1620	100	
1622	32	
1623	0	
1624	100	
1625	0	

轴设定完毕后，需断开 NC 电源，再重新上电，使与轴设定相关的 NC 参数的初始设定生效。此时，轴还是不能移动，还需要设置（PMC 正确的前提下）表 3-14 中的参数。

表 3-14 与 DI/DO 有关的参数

参数号	一般设定值	说 明
3003#0	1	
3003#2	1	
3004#5	1	
3003#3	1	

四、伺服设定初始化步骤

1. 进入伺服设定初始化画面

在急停状态下，连续按［SYSTEM］键3次进入参数设定支援画面，将光标移动至"伺服设定"处，按下软键［(操作)］，进入选择画面后，再按下软键［选择］，出现伺服设定初始化画面，如图 3-12 所示。在此画面可以进行伺服初始化操作。

开始伺服参数初始化设定，是将伺服设定画面中所有项目都设定完后，执行数控电源的 OFF/ON 操作后生效。此外，若是全闭环，应首先设定参数 OPTx（No. 1815#1）="1"，即

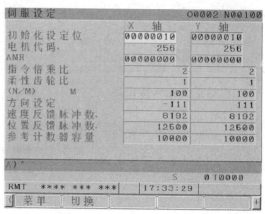

图 3-12　伺服设定初始化画面

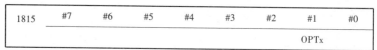

#1 OPTx 作为位置检测器是否使用分离型脉冲编码器
0：不使用　　←半闭环时
1：使用　　　←全闭环时

2. 对伺服设定初始化画面中的每一项目进行初始化操作

（1）初始化设定位　初始化设定正常结束后，在下次进行数控电源的 OFF/ON 操作时，自动地设定 DGRP（#1）="1"、PRMC（#3）="1"。

（2）电动机代码的设定　设定电动机代码可从表 3-15 中选择所使用的 βiS 系列伺服电动机的电动机代码。表中按电动机型号列出了电动机代码及软件版本号。

表 3-15　βiS 系列伺服电动机的电动机代码

电动机型号	驱动放大器	电动机号		90DO 90EO	90BO	90B5 90B6	90B1	9096
		HRV1	HRV2					
βiS0.2/5000	4A	—	260	A	N	A	A	*
βiS0.3/5000	4A	—	261	A	N	A	A	*
βiS0.4/5000	20A	—	280	A	N	A	A	*
βiS0.5/6000	20A	181	281	G	—	B	B	—
βiS1/6000	20A	182	282	G	—	B	B	—
βiS2/4000	20A	153	253	B	V	A	A	F
	40A	154	254	B	V	A	A	F
βiS4/4000	20A	156	256	B	V	A	A	F
	40A	157	257	B	V	A	A	F
βiS8/3000	20A	158	258	B	V	A	A	F
	40A	159	259	B	V	A	A	F

（续）

电动机型号	驱动放大器	电动机号		90DO 90EO	90BO	90B5 90B6	90B1	9096
		HRV1	HRV2					
βiS12/2000	20A	169	269	—	—	D	—	—
βiS12/3000	40A	172	272	B	V	A	A	F
βiS22/2000	40A	174	274	B	V	A	A	F
βiS12/2000	40A	168	268	—	—	D	—	—

（3）AMR 的设定　此参数相当于伺服电动机的极数之参数。若是 αiS/αiF/βiS 电动机，务必将其设定为 00000000。

（4）指令倍乘比的设定　设定从 NC 到伺服系统的移动量的指令倍率。

设定值＝（指令单位/检测单位）×2。即

指令倍乘比	2

注：各轴的移动指令：直径/半径指定，通过参数 DIAx（No.1006#3）进行选择。

（5）柔性齿轮比的设定

1）半闭环时。半闭环时的柔性齿轮比如图 3-13 所示，是电动机每旋转一周的 100 万脉冲数（固定数），是设定脉冲的倍乘比，而与脉冲编码器的种类无关。柔性齿轮比的计算方法如下：

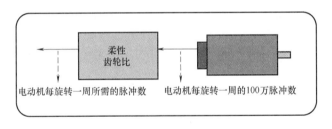

图 3-13　柔性齿轮比示意图（半闭环）

$$柔性齿轮比 = \frac{电动机每旋转一周所需的位置脉冲数}{100万}$$

[例1]　直线运动时柔性齿轮比：电动机与滚珠丝杠之间的连接齿轮比为 1：1，当直接连接螺距 10mm/rev 的滚珠丝杠，检测单位为 1μm 时，电动机每旋转一周（10mm）所需的脉冲数为 10/0.001＝10000 脉冲。因此，直线运动轴时柔性齿轮比设定为

$$\frac{柔性齿轮比分子}{柔性齿轮比分母} = \frac{10000}{100万} = \frac{1}{100}$$

[例2]　回转运动时柔性齿轮比：当回转轴与电动机工作台之间的减速比为 10：1，检测单位为 0.001°时，电动机每旋转一周时，工作台转动 360°/10＝36°。因此，电动机每旋转一周的位置脉冲数为

$$\frac{电动机每旋转一周所对应的位置 36°}{检测单位 0.001°} = 36000 \text{ 脉冲}$$

因此，柔性齿轮比设定为

$$\frac{柔性齿轮比分子}{柔性齿轮比分母}=\frac{36000}{100万}=\frac{36}{1000}$$

2）全闭环时。全闭环时的柔性齿轮比是设定相对于光栅输出脉冲的脉冲倍乘比，计算方法为

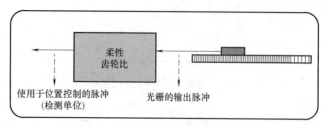

图 3-14　柔性齿轮比示意图（全闭环）

$$柔性齿轮比=\frac{使用于位置控制的脉冲}{光栅的输出脉冲}$$

例如，当使用 0.5μm 光栅，检测 1μm 的移动距离时，光栅的输出脉冲为 1μm/0.5μm = 2 脉冲，数控系统用于位置控制的脉冲当量是：输出 1 个脉冲＝检测单位为 1μm，因此，柔性齿轮比设定为

$$\frac{柔性齿轮比分子}{柔性齿轮比分母}=\frac{1}{2}$$

（6）电动机回转方向的设定　根据图 3-15 所示，从伺服电动机上的脉冲编码器一侧看，电动机沿顺时针方向旋转时，设定电动机回转方向参数为 "111"；从脉冲编码器一侧看，电动机沿逆时针方向旋转时，设定电动机回转方向参数为 "-111"。

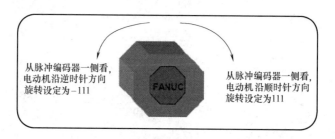

图 3-15　电动机回转方向的设定参考图

（7）速度反馈脉冲数、位置反馈脉冲数的设定

1）半闭环时。速度反馈脉冲数设定为 "8192"（固定值）；位置反馈脉冲数设定为 "12500"（固定值）。

2）全闭环时。速度反馈脉冲数设定为 "8192"（固定值）；位置反馈脉冲数设定为 "来自电动机每旋转一周光栅的反馈脉冲数"。位置反馈脉冲数设定举例如下：

［例 3］　当使用螺距 10mm 的滚珠丝杠（直接连接）、具有 1 脉冲 0.5μm 的分辨率的分离型检测器时，电动机每旋转一周的反馈脉冲数的计算方法为

$$电动机每旋转一周的反馈脉冲数=\frac{滚珠丝杠的螺距10mm}{光栅的分辨率0.0005mm}=20000$$

因此，位置反馈脉冲数为 20000。

[例 4]　当位置反馈脉冲数的计算值大于 32767 时，应使用位置脉冲转换系数（No. 2185），以位置脉冲数（No. 2024）和转换系数这两个参数的乘积设定位置脉冲数。

当使用螺距为 16mm 的滚珠丝杠（直接连接）、具有 1 脉冲 0.1μm 的分辨率的外设检测器时，电动机每旋转一周的反馈脉冲数的计算方法为

$$电动机每旋转一周的反馈脉冲数 = \frac{滚珠丝杠的螺距16mm}{光栅的分辨率0.0001mm} = 160000$$

因此，位置脉冲数为 160000，而此值超过 32767，不在伺服设定画面上的位置脉冲数范围内。在这种情形下，应设定 No. 2024 = 16000；No. 2185 = 10。

（8）参考计数器容量的设定　设定参考计数器容量，在进行栅格方式参考点返回时使用。

1）半闭环时。参考计数器容量 = 电动机每旋转一周所需的位置脉冲数。

2）全闭环时。参考计数器容量 = Z 相（参考点）的间隔/检测单位。

至此，伺服设定参数的初始化设定结束，断开 NC 的电源，重新上电使初始化设定生效。

五、伺服参数的初始化设定

（1）进入伺服参数的初始化画面　在急停状态下，进入参数设定支援画面，按下软键 [（操作）]，将光标移动至"伺服参数"处，按下软键 [选择]，出现伺服参数初始化画面，如图 3-16 所示。此后的参数设定，就在该画面中进行。

（2）标准值的设定　参数标准值的设定步骤参考前文中的标准值设定步骤。如果光标所选项目没有标准值，按下软键 [初始化] 时，显示告警信息"无初始值"。

六、与高速高精度相关的 NC 参数的初始设定

（1）进入高速高精度参数的初始化画面　在急停状态下，进入参数设定支援画面，按下软键 [（操作）]，将光标移动至"高精度设定"处，按下软键 [选择]，出现参数设定画面，如图 3-17 所示。此后的参数设定，就在该画面中进行。

（2）进行参数的初始设定　具体操作步骤参考标准值设定步骤。

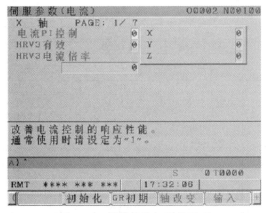

图 3-16　伺服参数初始化画面

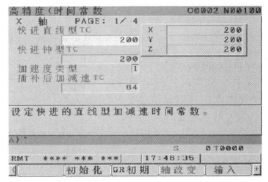

图 3-17　高精度参数初始化设定画面

七、与主轴相关的 NC 参数的初始设定

1. 串行主轴初始设定步骤

在急停状态下，进入参数设定支援画面，按下软键［(操作)］，将光标移动至"主轴设定"处，按下软键［选择］，出现参数设定画面，如图 3-18 所示。此后的参数设定，就在该画面中进行。

 提示

尚未连接串行主轴的情况下，以及尚未正确设定主轴放大器（No.3717）的情形下，不显示任何项目。

（1）设定对象的变更 按下软键［(操作)］，显示软键［SP 改变］。按下软键［SP 改变］，变更进行设定的对象主轴。

（2）数据的输入 在设定画面上，移动光标到要设定的项目，进行参数的设置。

（3）电动机型号的输入 电动机型号的数据输入，可以在电动机型号代码表中进行。按下软键［代码］时显示电动机型号代码画面。软键［代码］在光标位于电动机型号项目时显示。此外，要从电动机型号表画面返回到上一画面，按下软键［返回］。切换到电动机型号表画面时，显示电

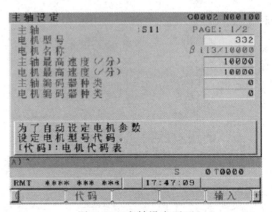

图 3-18 主轴设定画面

动机型号代码所对应的电动机名称和放大器名称。将光标移动到希望设定的代码编号处，按下软键［选择］时，输入完成。如果希望输入表中没有的电动机型号，可直接输入电动机代码。电动机代码见表 3-16。

表 3-16 电动机代码

型号	β3/10000i	β6/10000i	β8/8000i	β12/7000i		ac15/6000i
代码	332	333	334	335		246
型号	ac1/6000i	ac2/6000i	ac3/6000i	ac6/6000i	ac8/6000i	ac12/6000i
代码	240	241	242	243	244	245
型号	α0.5/10000i	α1/10000i	α1.5/10000i	α2/10000i	α3/10000i	α6/10000i
代码	301	302	304	306	308	310
型号	α8/8000i	α12/7000i	α15/7000i	α18/7000i	α22/7000i	α30/6000i
代码	312	314	316	318	320	322
型号	α40/6000i	α50/4500i	α1.5/15000i	α2/15000i	α3/12000i	α6/12000i
代码	323	324	305	307	309	401
型号	α8/10000i	α12/10000i	α15/10000i	α18/10000i	α22/10000i	
代码	402	403	404	405	406	
型号	α12/6000ip	α12/8000ip	α15/6000ip	α15/8000ip	α18/6000ip	α18/8000ip
代码	407	407,N4020=8000 N4023=94	408	408,N4020=8000, N4023=94	409	409,N4020=8000, N4023=94
型号	α22/6000ip	α22/8000ip	α30/6000ip	α40/6000ip	α50/6000ip	α60/4500ip
代码	410	410,N4020=8000, N4023=94	411	412	413	414

（4）数据的设定　在所有项目中输入数据后，按下软键［设定］，数控系统即设定启动主轴所需的参数值。正常完成参数的设定后，软键［设定］将被隐藏起来，并且进行主轴参数自动设定的参数位 SPLD（No.4019#7）置为"1"。改变数据时，再次显示软键［设定］，进行主轴参数自动设定的参数位 SPLD（No.4019#7）置为"0"。在尚未输入项目的状态下按下软键［设定］时，将光标移动到未输入的项目处，会提示"请输入数据"。输入数据后按下软键［设定］。

（5）数据的传输（重新启动 NC）　若只是按下软键［设定］，并未完成为启动主轴所需的参数设定。只有在软键［设定］隐藏的状态下执行数控系统的再启动后，数控系统才完成启动主轴所需参数值的设定。

2. 串行主轴参数设定项目一览（表 3-17）

表 3-17　串行主轴设定画面上进行设定的项目

项目名	参数号	简要说明	备注
电动机型号	No.4133	电动机型号	参数值也可通过查阅主轴电动机代码表，直接输入
电动机名称	—	—	根据所设定的"电动机型号"值显示名牌
主轴最高速度	No.3741	设定主轴的最高速度	该参数是设定主轴第 1 档的最高转速，而非主轴的钳制速度（No.3736）
电动机最高速度	No.4020	主轴最高速度时对应的主轴电动机的速度（r/min）。设定值要等于或低于电动机规格的最高速度	
主轴编码器种类	No.4020#3#2#1#0		
编码器旋转方向	No.4001#4	0：与主轴相同的方向 1：与主轴相反的方向	"主轴编码器种类"为位置编码器时显示项目
电动机编码器种类	No.4010#2#1#0		下列情况下显示项目： 1."主轴编码器种类"为位置编码器或接近开关 2. 没有"主轴编码器种类"，且"电动机编码器种类"为 MZ 传感器
电动机旋转方向	No.4000#0	0：与主轴相同的方向 1：与主轴相反的方向	
接近开关检出边缘	No.4004#3#2		
主轴侧齿轮齿数	No.4171	设定主轴传动中的主轴侧齿轮的齿数	
电动机侧齿轮齿数	No.4172	设定主轴传动中的电动机侧齿轮的齿数	

实训项目九　数控系统轴参数设置与调试

一、实训目标

1）能熟练进行轴参数画面的操作。
2）能熟练进行轴参数的查询。
3）能正确设置相关的轴参数。

二、实训步骤

1. 任务准备

所需材料清单见表 3-18。

表 3-18　常用的材料清单

序号	名　　称	型号与名称	数量
1	数控车床综合实训装置（试验台）	天煌 THWLDF-1C（参考型号）	1 台
2	电工常用工具		1 套
3	实训设备说明书和 FANUC 0i Mate-TD 说明书		各 1 本

2. 在指导教师的示范和指导下，完成下列操作

1）根据上述讲解的知识，由指导教师制订相关参数，学生独立完成参数号的查询，并正确填写表 3-19 的内容。

表 3-19　参数记录表

参数号	参数值	含义	备注

2）根据上述讲解的知识，在教师的指导下，完成与轴相关参数的设置。
实训完毕，切断电源，整理场地。

三、项目测评

完成任务后，学生先按照表 3-20 进行自我测评，再由指导教师评价审核。

表 3-20 测评表

序号	项目	考核内容及要求	配分	评分标准	扣分	得分
1	材料准备与操作前检查	检查工具(5) 资料是否准备齐全(5)	10	1. 工具不齐全, 每少一件扣1分 2. 资料不齐全, 扣5分		
2	轴参数操作	正确进入轴参数画面与参数号查询(30)	30	1. 不能正确操作画面, 扣5分 2. 操作不熟练, 每处扣2分 3. 不能进行参数查询, 扣5分		
3	轴参数设置	正确操作与设置参数(30)	50	1. 不能熟练进行参数画面的切换, 每处扣1分 2. 不能进行参数初始化, 每处扣2分 3. 不能正确进行参数设置, 扣10分 4. 操作不熟练, 每处扣2分 5. 参数设置不全或错误, 每处扣2分		
4	安全文明生产	应符合国家安全文明生产的有关规定	10	违反安全文明生产有关规定不得分		
指导教师评价					总得分	

【思考与练习】

1. 伺服参数的初始化设定共有哪几项? 每项应如何设定?
2. 简述初始化设定中柔性齿轮比是如何设定的。

第三节 数控系统模拟主轴调试

一、模拟主轴系统参数设定

按照要求对 FANUC 0i Mate-TD 数控系统主轴的相关参数进行设置, 本例采用 0~10V 的模拟变频主轴, 需要设定的主要参数大部分都集中在 37xx 号、38xx 号、4xxx 号参数范围内, 要根据不同的需求设置不同的参数, 见表 3-21。

表 3-21 FANUC 0i Mate-TD 主轴相关参数及设定

参数号	符号	意义	0i Mate-TD
3705/0	ESF	S 和 SF 的输出	0
3705/4	EVS	S 和 SF 的输出	0
3706/0,1	PG1/PG2	齿轮比	1
3706/6,7	CWM/TCW	M03/M04 的极性	0
3708/0	SAR	检查主轴速度到达信号	0
3708/1	SAT	螺纹切削开始检查 SAR	0

（续）

参数号	符号	意义	0i Mate-TD
3716	A/Ss	模拟主轴	0
3717		主轴放大器号	1
3718		显示下标	80
3720		主轴编码器脉冲数	4096
3730		主轴模拟输出的增益调整	0
3731		主轴模拟输出时电压偏移的补偿	0
3732		定向/换档的主轴速度	0
3740		检查 SAR 的延时时间	0
3741		第一档主轴最高速度	1400
3772		最高主轴速度	1400
8133#5		不使用串行主轴	1

主轴设定参数说明：

1）齿轮比：主轴电动机带轮直径和主轴带轮直径的比值，可默认设置为 1。

2）主轴最高转速：主轴运行的最大转速，根据电动机本身最高转速和齿轮比进行设置。

3）电动机最高转速：设定主轴的最高转速所对应的电动机转速，设定值不可超过电动机本身的最高转速。

提示

参数设定完毕后，先断电再上电，使参数生效，其他参数的设置可参考参数说明书。

二、变频器的相关参数设置

1. 需要设置的参数

本例变频器型号为日立 SJ300-055HF/7.5kW，其详细参数请参考变频器的使用说明书。表 3-22 根据要求给出了本例变频器的相关参数。

提示

接通变频器电源后，对变频器参数恢复出厂值。

表 3-22 变频器的参数设定

参数号	名称	设定范围
A001	频率设定选择	01
A002	运行设定频率	01
A003	基频设定	50
A004	最大频率设定	100
F002	加速时间	1
F003	减速时间	1
C008	智能输入端子 8 设定（反转）	01
B012	电子热流保护	变频器额定电流值
C021	智能输出端子 11 设定（频率到达信号）	01

2. 设定参数操作

（1）认识变频器数字操作器　图 3-19 所示为 SJ300 变频器数字操作器，其每部分的名称与作用见表 3-23。

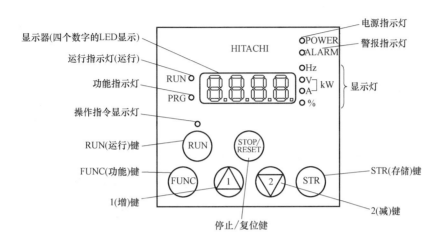

图 3-19　SJ300 变频器数字操作器

表 3-23　SJ300 变频器数字操作器各部分的名称与作用

名　称	说　明
显示器	显示频率、输出电流和设定值
运行指示器	变频器运行时灯亮
功能指示灯	显示器显示某功能设定值时，灯亮；指示灯闪烁表示警报（设置值有误）
电源指示灯	控制电路电源指示灯
警报指示灯	变频器跳闸时，指示灯亮
显示灯	指示灯显示显示器的状态
操作指令显示灯	当操作器设置了运行指令（RUN/STOP）时，指示灯亮
运行键	RUN 指令起动电动机，但此指令只有当操作指令是来自操作器时才有效（确保操作指令显示灯为亮）
停止（停止/复位）键	此键用以使电动机停止，或使某警报复位
FUNC（功能）键	此键用以设定监示模式、基本设定模式、扩展功能模式
STR（存储）键	此键用以存储设定数据（要改变设定值必须按此键，否则数据会丢失）
增/减键	此键用以改变扩展功能模式、功能模式及设定值

（2）显示模式切换操作　其流程如图 3-20 所示。

（3）功能设置方法　例如，改变操作指令发送端（操作由控制器变为控制端子）的流程如图 3-21 所示。

通电
[1]显示器内容显示
（开始显示0.00）

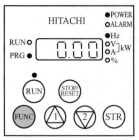

若显示基本设定模式和扩展功能模式
时断电，则当再接通电源时，显示值
将与断电前不同。

  按下 FUNC 键

[2]显示显示代码No.
（显示d001）

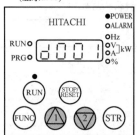

显示显示器模式No.后，按下FUN
（功能）键一次，返回原来显示画面。

（显示d002）

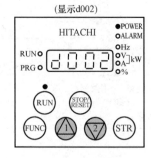

按下 △1 键19次(注1)

按下 ▽2 键19次

[5]显示显示代码
（显示d001）

回到状态[2]

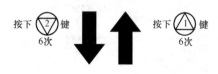

按下 ▽2 键
6次

按下 △1 键
6次

[4]显示扩展功能代码
（显示A...）

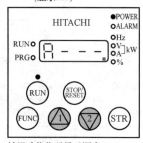

扩展功能代码显示顺序

A←→b←→C←→H←→P←→U

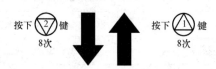

按下 ▽2 键
8次

按下 △1 键
8次

[3]显示基本设定代码
（显示F001）

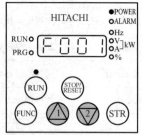

(注1)参考(3)功能码的设定。

图 3-20　显示模式切换操作流程

[1]显示扩展功能模式

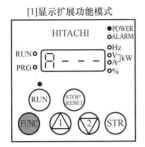

参考显示方法，使显示器显示 "A..."
由于操作指令由操作器输入，所以操
作指令指示灯应亮。

按下 FUNC 键

[2]显示功能码

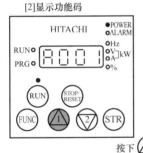

按下 ⚠️1 键

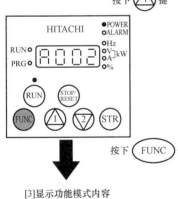

按下 FUNC 键

[3]显示功能模式内容

显示02表示运行指令来自操作
器。
显示功能模式内容时，程序指示
灯(PRG)亮。

按下 ▽2 键

[5]显示扩展功能模式
(显示A...)

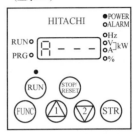

在此状态下，可切换到其他的扩展功能
模式，显示模式及基本设定模式。

按下 FUNC 键

[4]显示显示码
(显示A002)

按下STR键确认所改变值。
由于操作指令发送端已变到控制端
子，所以操作指令显示灯由亮变灭。

按下 STR 键

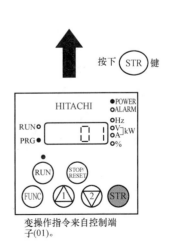

变操作指令来自控制端
子(01)。

图 3-21　改变操作指令发送端流程图

（4）设置功能码的方法　例如，从显示代码 d001 切换到功能代码 A029 的流程如图 3-22 所示。

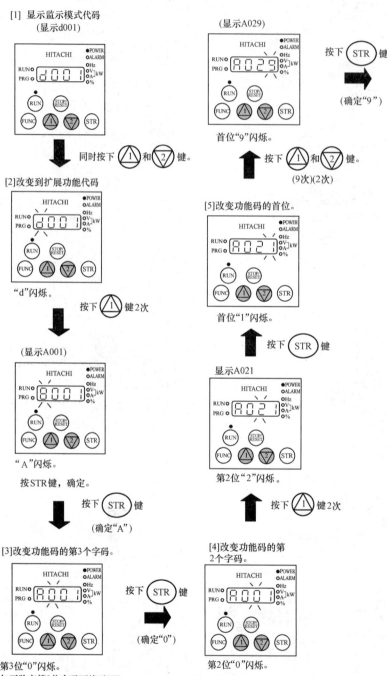

图 3-22　设置功能码流程

实训项目十　数控系统模拟变频主轴参数设置与调试

一、实训目标

1）能熟练操作变频器。

2）能熟练进行变频器参数的查询。

3）能正确设置相关的参数。

二、实训步骤

1. 任务准备

所需材料清单见表 3-24。

表 3-24　常用的材料清单

序号	名　　称	型号与名称	数量
1	数控车床综合实训装置（试验台）	天煌 THWLDF-1C（参考型号）	1 台
2	电工常用工具		1 套
3	实训设备说明书和 FANUC 0i Mate-TD 说明书		各 1 本

2. 在指导教师的示范和指导下，完成下列操作

1）根据上述讲解的知识，由指导教师制订变频器相关参数，学生独立完成参数的查询，并正确填写表 3-25。

表 3-25　参数记录表

参数号	参数值	含义	备注

2）根据上述讲解的知识，在教师的指导下，完成模拟主轴相关参数的设置。

实训完毕，切断电源，整理场地。

三、项目测评

完成任务后，学生先按照表 3-26 进行自我测评，再由指导教师评价审核。

数控机床电气控制系统安装与调试

表 3-26　测评表

序号	项目	考核内容及要求	配分	评分标准	扣分	得分
1	材料准备与操作前检查	检查工具(5) 资料是否准备齐全(5)	10	1. 工具不齐全,每少一件扣1分 2. 资料不齐全,扣5分		
2	轴参数操作	正确进入轴参数画面,进行参数号查询(30)	30	1. 不能正确操作画面,扣5分 2. 操作不熟练,每处扣2分 3. 不能进行参数查询,扣5分		
3	轴参数设置	正确操作与设置参数(30)	50	1. 不能熟练进行参数画面的切换,每处扣1分 2. 不能进行参数初始化,每处扣2分 3. 不能正确进行参数设置,扣10分 4. 操作不熟练,每处扣2分 5. 参数设置不全或错误,每处扣2分		
4	安全文明生产	应符合国家安全文明生产的有关规定	10	违反安全文明生产有关规定不得分		
指导教师评价					总得分	

【思考与练习】

1. 写出本例中日立变频器操作面板中各按键的功能含义。

2. 简述日立 SJ300 变频器参数的修改步骤与方法。

第四节　数控机床 PLC 基础

一、数控机床 PLC（PMC）概述

1. 数控机床 PLC 的形式

数控机床用可编程序控制器主要完成数控机床各种执行机构的逻辑顺序控制，即用 PLC 程序代替继电器控制电路，实现数控机床的辅助功能、主轴转速功能、刀具功能的译码和控制等。数控机床常用的 PLC 主要有两类：一类是专门为机床应用而设计制造的内装型 PLC（PMC）；另一类是独立型（通用型）PLC，其输入/输出信号接口技术规范、输入/输出点数、程序存储容量以及运算和控制功能等均满足数控机床控制的要求。

（1）内装型 PLC　内装型 PLC 从属于数控装置，PLC 硬件电路可与数控装置其他电路制作在同一块印制电路板上，也可以制作成独立的电路板。PLC 与数控装置之间的信号传递在数控装置内部完成。PLC 与机床侧（MT）的信号传递则通过 PLC 的输入/输出接口来实现，其连接如图 3-23 所示。此系统硬件和软件整体结构十分紧凑；可与数控装置公用 CPU，也可以单独使用 CPU，不单独配置 I/O 接口，而使用系统本身的 I/O 接口。采用内装型 PLC 的数控系统可以具备某些高级的控制功能，如梯形图编辑和传送功能等。

目前，数控装置厂家在其生产的数控装置产品中，大多数都采用内装型 PLC，使得其结构更加紧凑。

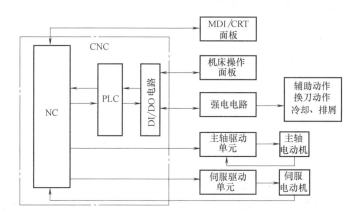

图 3-23　内装型 PLC

（2）独立型 PLC　图 3-24 所示为采用独立型 PLC 的数控机床系统框图。

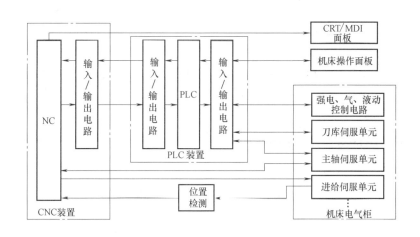

图 3-24　采用独立型 PLC 的数控机床系统框图

独立型 PLC 又称通用型 PLC，它独立于数控装置，大多数采用模块化结构，输入/输出点数可以通过输入/输出模块的增减灵活配置，具有完备的硬件和软件功能，能独立完成规定的控制任务。

2. PLC 与数控装置、机床侧之间的信息交换

PLC 作为数控装置与机床（MT）之间的信号转换电路，既要与数控装置进行信号转换，又要与机床侧外围开关进行信号交换，如图 3-25 所示为数控装置、PMC 与外围电路的信号关系。

（1）PLC 至 MT　数控装置的输出数据经 PLC 的逻辑处理，通过输出接口送至 MT 侧。数控装置到机床的主要信号有 M、S、T 等代码。M 功能是辅助功能，根据不同的 M 代码，PLC 可控制主轴的正、反转和停止，主轴箱的换档变速，主轴准停，切削液的开关，卡盘的

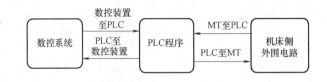

图 3-25　数控装置、PMC 与外围电路的信号关系

夹紧、松开，机械手的取刀、放刀等；S 功能在 PLC 中可以用 4 位代码直接指定转速；T 功能是数控机床通过 PLC 管理刀库，进行自动换刀。

（2）MT 至 PLC　从机床侧输入的开关量信号通过输入接口输入到 PLC 逻辑控制器处理后送到数控装置中。机床侧传给 PLC 的信号主要是机床操作面板上的各种按钮及检测信号等信息。大多数信号的含义及所配置的输入地址，均可由 PLC 程序编制者或者是程序使用者自行定义。数控机床生产厂家可以方便地根据机床的功能和配置，对 PLC 程序和地址分配进行修改。

（3）数控装置至 PLC　数控装置送至 PLC 的信息可由数控装置直接送入 PLC 的寄存器中，所有数控装置送至 PLC 的信号含义和地址（开关量地址或寄存器地址）均由数控装置厂家确定，PLC 编程者只可使用，不可改变和增删。如数控指令的 M、S、T 功能，通过数控装置译码后直接送入 PLC 相应的寄存器中。

（4）PLC 至数控装置　PLC 送至数控装置的信息也由开关量信号或寄存器完成，所有PLC 送至数控装置的信号地址与含义由数控装置厂家确定，PLC 编程者只可使用，不可改变和增删。

3. 数控机床 PLC 的基本控制功能

数控机床 PLC 通常具有以下控制功能。

（1）机床操作面板控制　将机床操作面板上的控制信号直接输入 PLC，以控制数控机床的运动。

（2）机床外部开关量的输入信号控制　将机床侧的开关信号送入 PLC，经过逻辑运算后，输出给控制对象。这些开关量包括控制开关、行程开关、接近开关、压力开关、流量开关和温控开关等。

（3）输出信号控制　PLC 的输出信号经强电控制部分的继电器、接触器，通过机床侧的液压或气动电磁阀，对刀塔、机械手、分度装置和回转工作台等进行控制，另外还对冷却泵电动机、润滑泵电动机等动力装置进行控制。

（4）伺服控制　对主轴和伺服进给驱动装置的使能条件进行逻辑判断，确保伺服装置安全工作。

（5）故障诊断处理　PLC 收集强电部分、机床侧和伺服驱动装置的反馈信号，检测出故障后将报警标志区的相应报警标志位置位，数控系统根据被置位的标志位显示报警号和报警信息，以便于故障诊断。

二、FANUC 数控系统 PMC

FANUC 数控系统 PLC 又称为 PMC，有
PMC-A、PMC-B、PMC-C、PMC-D、PMC-G
和 PMC-L 等多种型号，它们分别使用不同的
FANUC 系统，如 0i Mate-TD 系统 PMC 采用
PMC-L 型号。

1. PMC 信号地址与类型

PMC 的信号地址是指与机床侧的输入/输
出信号、与数控装置之间的输入/输出信号、
内部继电器、保持性存储器内的数据等各信号
存在场所的编号。在编制 PMC 程序时所需的

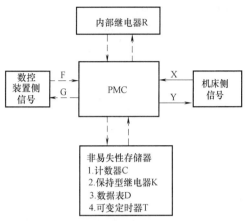

图 3-26　与 PMC 相关的地址

四种类型的地址如图 3-26 所示，相关的 PMC 地址符号与信号种类见表 3-27。

 提示

①图 3-26 中实线箭头表示与 PMC 相关的输入/输出信号经由 I/O 板的接收电路和驱动
电路传送；②虚线箭头表示与 PMC 相关的输入/输出信号仅在存储器中传送，例如在 RAM
中传送；这些信号的状态都可以在 CRT 上显示。

表 3-27　地址符号与信号种类

字母	信号类型	型号	
		0i-D PMC	0i-D/0i Mate-D PMC-L
X	来自机床侧的信号（MT→PMC）	X0～X127 X200～X327	X0～X127
Y	由 PMC 输出到机床侧的信号（PMC→MT）	Y0～Y127 Y200～Y327	Y0～Y127
F	来自 NC 侧的输入信号（NC→PMC）	F0～F767 F1000～F1767	F0～F767
G	由 PMC 输出到 NC 的信号（PMC→NC）	G0～G767 G1000～G1767	G0～G767
R	内部继电器	R0～R7999	R0～R1499
	系统继电器	R9000～R9499	R9000～R9499
E	扩展继电器	E0～E9999	E0～E9999
A	信息显示请求信号	A0～A249 A9000～A9499	A0～A249 A9000～A9499
C	计数器	C0～C399 C5000～C5199	C0～C79 C5000～C5039
K	保持型继电器	K0～K99 K900～K999	K0～K19 K900～K999
T	可变定时器	T0～T499 T9000～T9499	T0～T79 T9000～T9079
D	数据表	D0～D9999	D0～D2999
L	标记号	L1～L9999	L1～L9999
P	子程序	P1～P5000	P1～P512

（1）MT 与 PMC 之间的信号地址 X 与 Y　X 是来自机床侧的输入信号（如极限开关、刀位信号、操作按钮等检测元件），PMC 接收从机床侧各检测装置反馈回来的输入信号，在控制程序中进行逻辑运算，作为机床动作的条件及外围设备进行自诊断的依据。

Y 是由 PMC 输出到机床的信号，在控制程序中输出信号控制机床侧的接触器、信号指示灯动作，满足机床的控制要求。

（2）PMC 与数控装置之间的信号地址 F 与 G　F 是由控制伺服电动机和主轴电动机的系统部分输入 PMC 的信号，系统部分是将伺服电动机和主轴电动机的状态，以及请求相关机床动作的信号（移动中信号、位置检测信号、系统准备完信号等），反馈到 PMC 中进行逻辑运算，以作为机床动作的条件及进行自诊断的依据。

G 是由 PMC 侧输出到控制伺服电动机和主轴电动机的系统部分的信号，对系统部分进行控制和信息反馈（如轴互锁信号、M 代码执行完毕信号等）。

（3）R 是内部继电器　它经常在程序中做辅助运算用，其地址为 R0 ~ R1499。R0 ~ R1499 作为通用中间继电器，R9000 后的地址作为 PMC 系统程序保留区域，不能作为继电器线圈使用。

（4）A 是信息显示请求信号　PMC 通过从机床侧各检测装置反馈回来的信号和系统部分的状态信号，经过程序的逻辑运算后对机床所处的状态进行自诊断。若为异常，置 A 为 1。当指定的 A 地址被置为 1 后，报警显示屏幕上便会出现相关的信息，帮助查找和排除故障。

（5）C 为计数器地址　用于设计计数值的地址，每 4 字节组成一个计数器（其中 2 字节作为保存预置值，另外 2 字节作为保存当前值用）。

（6）K 为保持型继电器　其中 K0 ~ K16 为一般通用地址，K17 ~ K19 为 PMC 系统软件参数设定区域，由 PMC 使用。在数控系统运行过程中，若发生停电，输出继电器和内部继电器全部成为断开状态。当电源再次接通时，输出继电器和内部继电器都不可自动恢复到断电前的状态，所以停电保持用继电器就用于当需要保存停电前的状态、并在再次运行时再现该状态的情形。

（7）T 为可变定时器　用于存储设定时间，每 2 字节组成一个定时器。

（8）D 为数据表地址　在 PMC 程序中，某些时候需要读写大量的数据，D 就是用来存储这些数据的非易失性存储器。

（9）L 为标记号　共有 9999 个标记号，用于指定标号跳转（JMPB、JMPC）功能指令中的跳转目标标号。在 PMC 中相同的标记号可以出现在不同的指令中，只要在主程序和子程序中是唯一的就可以。

（10）P 为子程序号的标志　共有 512 个子程序数，用于指定条件调用子程序（CALL）和无条件调用子程序（CALLU）功能指令中调用的目标子程序号。在 PMC 程序中，目标子程序号是唯一的。

2. PMC 信号地址格式

PMC 信号地址格式由地址号和位号（0~7）表示，如图 3-27 所示。

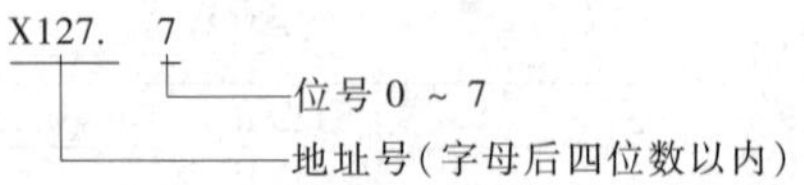

图 3-27　PMC 信号地址格式

在地址号的开头必须指定一个字母，用来表示其信号类型，在功能指令中指定字节单位的地址时，位号可以省略，如 X127。

3. PMC 的基本指令和功能指令

梯形图是直接从传统的继电器控制演变而来的，通过使用梯形图符号组合成的逻辑关系构成了 PMC 程序。PMC 的基本指令有 RD、RD. NOT、WRT、WRT. NOT、AND、AND. NOT、OR、OR. NOT、RD. STK、RD. NOT. STK、AND. STK、OR. STK、SET、RST 共 14 个。在编写程序时通常有两种方法，一是使用助记符语言（即基本功能指令）；二是用梯形图符号。当使用梯形图符号编写时不需要理解 PMC 指令就可以直接进行程序的编写。由于梯形图易于理解、便于阅读和编辑，因而成为编程人员的首选。FANUC 梯形图编辑使用的软件是 FANUC LADDER III 软件。

三、FANUC 数控系统 PMC 画面与操作

FANUC 数控系统可以通过屏幕对 PMC 实施操作，实现各种信号的监控与诊断、PLC 寄存器的参数设定、梯形图程序的显示、编辑以及系统参数查阅等。

1. 进入 PMC 梯形图操作画面

1）按 [SYSTEM] 键两次，再按 [+] 扩展键，出现 PMC 画面。

2）按下 [PMCLAD] → [梯形图] 软键，进入"PMC 梯图"画面，如图 3-28 所示；可以通过上下翻页键或光标移动键查看所有的程序。

3）在 CRT 屏幕中，触点和线圈断开（状态为 0）以低亮度显示，触点和线圈闭合（状态为 1）以高亮度显示；在梯形图中有些触点或线圈是用助记符定义的，而不是用地址来定义，这是为了在编写 PMC 程序时方便记忆。

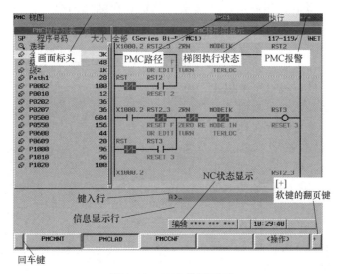

图 3-28　PMC 梯图画面

2. 在梯形图中查找触点、线圈、行号和功能指令

在梯形图中快速准确地查找想要的内容，是日常保养和维修过程中经常进行的操作，必须熟练掌握。

1）在"PMC梯图"画面中，按［（操作）］软键，再按［搜索］软键，进入查找画面；键入要查找的触点，如X9.5，然后按下［搜索］软键；执行后，画面中梯形图的第一行就是所要查找的触点。进行地址X9.5的查找时，会从梯形图的开头开始向下查找，当再次进行X9.5的查找时，会从当前梯形图的位置开始向下查找，直到到达该地址在梯形图中最后出现的位置后，又回到梯形图的开头重新向下查找；使用［搜索］软键，同时可以查找触点和线圈。

2）如键入"Y8.3"，然后按下［W-搜索］软键，画面中梯形图的第一行就是所要查找的线圈Y8.3。

提示

对梯形图比较熟悉后，根据梯形图的行号查找触点或线圈是另一种快捷方法。如要查找第30行的触点，键入"30"，然后按下［搜索］软键，这时便可在画面中调出第30行的梯形图。键入"27"（即SUB27）然后按下［F-搜索］软键，画面中梯形图的第一行就是所要查找的功能指令。查找功能指令与查找触点和线圈的方法基本相同，但所需键入的内容不同，后者键入的是地址，而前者键入的是功能指令的编号。

3. PMC诊断与维护画面操作

PMC诊断与维护画面可以监控PMC的信号状态、确认PMC的报警、设定和显示可变定时器、显示和设定计数器值、设定和显示保持继电器、设定和显示数据表、输入/输出数据、显示I/O Link连接状态、信号跟踪等功能。

（1）信号状态的监控　信号状态监控画面可以提供触点和线圈的状态。

1）按［SYSTEM］键两次，再按［+］扩展键，出现PMC画面。

2）按［PMCMNT］软键→［信号］软键，进入监控画面，如图3-29所示；输入所要查找的地址，如键入X8.4，然后按下［搜索］软键，在画面的第一行将看到所要找的地址的状态。此时按下急停按钮，X8.4由常闭状态变成常开状态，可清楚地看到其监控的状态。

在信号状态显示区，显示在程序中指定的所在地址的内容。地址的内容以位模式0或1显示，最右边每字节以十六进制或十进制数字显示。在画面下部的附加信息行中，显示光标所在地址的符号和注释。光标对准在字节单位上时，显示字节符号和注释。在本画面中按［（操作）］软键，输入希望显示的地址后，按［搜索］软键，再按［十六进制］软键进行十六进制与十进制转换。要改变信息显示状态时，按下［强制］软键，进入强制开/关画面。

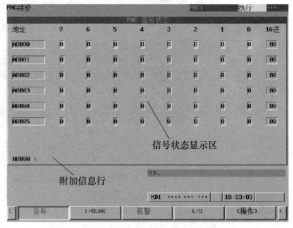
图3-29　信号状态监控画面

（2）显示I/O Link连接状态画面

图3-30所示为I/O Link显示画面。在画面中，按照组的顺序显示I/O Link连接的I/O单元种类和ID代码。按［（操作）］软键，再按［前通道］软键显示上一个通道的连接状态，按［次通道］软键显示下一个通道的连接状态。

（3）PMC 报警画面　图 3-31 所示为 PMC 报警画面。在报警显示区，显示在 PMC 中发生的报警信息。当报警信息较多时会显示多页，这时需要用翻页键来翻页。

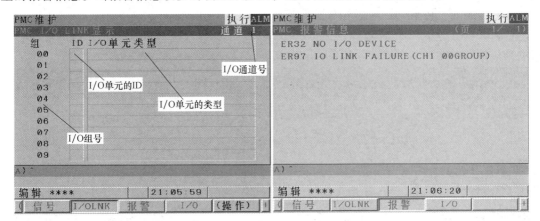

图 3-30　I/O Link 显示画面　　　　　　　图 3-31　PMC 报警画面

（4）输入与输出数据画面　图 3-32 所示为输入与输出数据画面。在 I/O 画面上，顺序程序、PMC 参数以及各种语言信息数据可被写入指定的装置内，并可以从指定的装置内读出和核对。

光标显示：上下移动各方向选择光标，左右移动各设定内容选择光标。

可以输入/输出的设备有存储卡、FLASH ROM 等。

存储卡：与存储卡之间进行数据的输入/输出。

FLASH ROM：与 FLASH ROM 之间进行数据的输入/输出。

软驱：与 Handy File、软盘之间进行数据的输入/输出因软件自带，这里只做解释，实际中已不使用）。

其他：与其他通用 RS232 输入/输出设备之间进行数据的输入/输出。在画面下的状态中显示执行内容的细节和执行状态。此外，在执行写、读取、比较时，作为执行结果显示已经传输完成的数据容量。

（5）定时器画面　图 3-33 所示为定时器画面。该画面设定和显示功能指令的可变定时器（TMR：SUB3）的定时器时间。可在本画面上使用两种方式：简易显示方式和注释显示方式。要将软键移动到定时器画面时，按下［定时］软键。

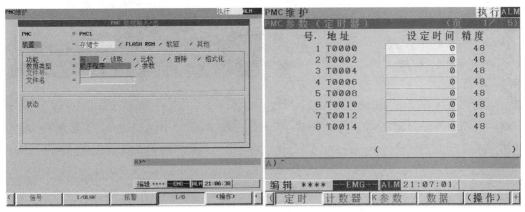

图 3-32　输入与输出数据画面　　　　　　图 3-33　定时器画面

（6）计数器画面　图 3-34 所示为计数器画面。该画面用于设定和显示功能指令计数器（CTR：SUB5）的最大值和现在值。该画面上可以使用简易显示方式和注释显示方式。要移动到计数器画面，按下［计数器］软键。

（7）K 参数画面　图 3-35 所示为 K 参数画面。该画面用于设定和显示保持继电器。要移动到保持继电器画面，按下［K 参数］软键。

图 3-34　计数器画面　　　　　　　　　　图 3-35　K 参数画面

（8）D 参数数据表画面　图 3-36 所示为数据表画面。数据表具有两个画面：数据表控制数据画面和数据画面。要移动到数据画面时，按下［数据］软键。

提示

退出时按 POS 键即可退回坐标显示画面。

4. 与 PMC 的编辑有关的操作

FANUC 数控系统不但可以在 CRT 上显示 PMC 程序，而且可以进入编辑画面，根据用户的需求对 PMC 程序进行编辑和其他操作。

1）选择"EDIT"（编辑）运行方式　按［SYSTEM］键两次→按［+］扩展键→［PM-CCNF］软键，按［设定］键，将编辑许可设为"是"，编辑后保存设为"是"；按"<"键，返回 PMC 画面，按［PMCLAD］→［梯形图］→［（操作）］→［编辑］→［缩放］软键，在此可以进行程序的编辑。

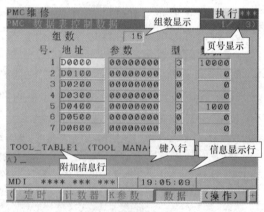

图 3-36　数据表画面

2）例如，要输入图 3-37 所示的梯形图，方法如下（R0620.2 的导通不断地产生 R0620.3 的上升沿脉冲）：

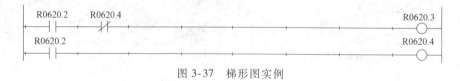

图 3-37　梯形图实例

① 将光标移动到起始位置后按下 ［┤├］软键，其被输入到光标位置处。

② 用地址键和数字键键入 R0620.2 后，按下 ［INPUT］键，在触点上方显示地址，光标右移。

③ 按下 ［┤／├］软键，输入地址 R0620.4，然后按下 ［INPUT］键，在常闭触点上方显示地址，光标右移。

④ 按下 ［──○─┤］软键，此时自动扫描出一条向右的横线，并且在靠近右垂线附近输入了继电器的线圈符号。

⑤ 输入地址 R0620.3 后，按下 ［INPUT］键，光标自动移到下一行起始位置。

⑥ 按下 ［┤├］软键，输入地址 R0620.2；按下 ［INPUT］键，在其上方显示地址，光标右移。

⑦ 按下 ［──○─┤］软键，此时自动扫描出一条向右的横线，并且在靠近右垂线附近输入了继电器的线圈符号。

⑧ 输入地址 R0620.4 后，按下 ［INPUT］键，光标自动移到下一行起始位置。

提示

在 CRT 屏幕上每行可以输入 7 个触点和一个线圈，超过的部分不能被输入；如果在梯形图编辑状态下关闭电源，梯形图会丢失，在关闭电源前应先保存梯形图，并退出编辑画面。

3）顺序程序的编辑修改。

① 如果某个触点或者线圈的地址错了，把光标移到需要修改的触点或线圈处，在 MDI 键盘上键入正确的地址，然后按下 ［INPUT］键，就可以修改地址了。

② 如果要在程序中进行插入操作，按照图 3-38 所示的顺序，按 ［+］软键，将显示包含 ［行插入］、［左插入］、［右插入］、［取消］、［结束］项的画面，就可以对程序进行插入修改了。

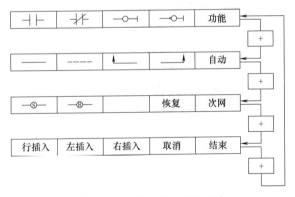

图 3-38　程序的插入操作顺序

③ 将光标移动到需要删除的位置后，可用以下三种软键进行删除操作。

［────］：删除水平线、触点、线圈。

［↑──］：删除光标左上方纵线。

［──↑］：删除光标右上方纵线。

实训项目十一　数控机床 PLC 画面操作与调试

一、实训目的

1）掌握数控系统中查阅梯形图的方法。

2）掌握信号状态的监控方法。

3）掌握数控系统中与 PMC 的编辑有关的操作。

二、实训步骤

1. 准备材料

常用的材料清单见表 3-28。

表 3-28　常用的材料清单

序号	名　　称	型号与名称	数量
1	数控车床综合实训装置（试验台） 系统采用 FANUC 0i Mate-TD	天煌 THWLDF-1	1 台
2	电工常用工具		1 套
3	实训设备说明书和系统使用手册		各 1 本

2. 在指导教师的示范和指导下，进行下列操作

（1）数控系统中 PMC 程序的查阅与梯形图程序的编辑　PMC 程序的查阅步骤如图 3-39 所示。

1）按［SYSTEM］键两次，再按［+］扩展键，出现 PMC 画面。

2）按下［PMCLAD］→［梯形图］软键，进入"PMC 梯图"画面；可以通过上、下翻页键或光标移动键查看所有的程序。

（2）监控 PMC 的信号状态　操作步骤如图 3-40 所示。

1）按［SYSTEM］键两次，再按［+］扩展键，出现 PMC 画面。

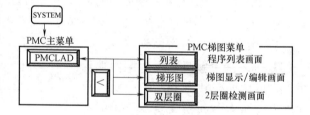

图 3-39　PMC 程序的查阅步骤

2）按［PMCMNT］→［信号］软键，进入监控画面。

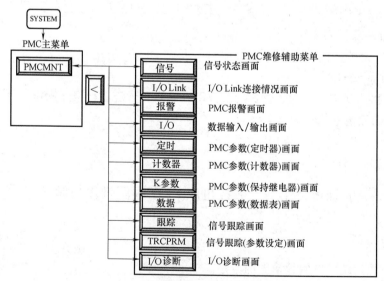

图 3-40　PMC 信号状态的监控步骤

实训完毕，切断电源，整理场地。

 安全提示

由于本实训设备已经调试好 PMC 程序，在操作过程中不要随意改动原有的 PMC 程序，以防影响机床的正常工作！

三、项目测评

完成任务后先按照表 3-29 进行自我测评，再由指导教师评价审核。

表 3-29 测评表

序号	项目	考核内容及要求	配分	评分标准	扣分	得分
1	材料准备	检查工具、资料是否准备齐全	10	1. 工具齐全(5) 2. 资料齐全(5)		
2	通电前检查	1. 通电前,检查机床外观、电器元器件 2. 正确通电试车	20	1. 全面检查机床外观、电器元器件(10) 2. 正确通电试车(10)		
3	查阅与编辑梯形图	1. 会查阅资料 2. 查阅梯形图 3. 正确编辑梯形图	30	1. 正确查阅资料(10) 2. 能正确查阅梯形图(10) 3. 能编辑修改梯形图(10)		
4	信号状态的监控	1. 会查阅资料 2. 信号状态的监控	30	1. 正确查阅资料(15) 2. 能正确对信号状态进行监控(15)		
5	安全文明生产	应符合国家安全文明生产的有关规定	10	违反安全文明生产有关规定不得分		
指导教师评价					总得分	

【思考与练习】

一、填空题（将正确答案填在横线上）

1. 数控机床各种执行机构的逻辑顺序控制是由_____完成的。

2. 数控机床常用的 PLC 主要有_____和_____两类。

3. 目前，数控系统大多数都采用_____PLC，使其结构更加紧凑。

4. 机床操作面板上的各种按钮及检测信号等信息，通过输入接口输入_____处理后再送到数控装置中。

5. 数控机床侧的开关量信号主要包括_____、_____、_____、_____等。

6. FANUC 数控系统 PLC 又称为_____。

7. FANUC 数控系统可以通过屏幕对 PMC 实施操作，实现各种信号的_____、_____、_____、_____及_____等。

8. PLC 与数控机床交换信息的形式有_____、_____、_____和_____四种。

9. PMC 地址格式由_____和_____组成。

10. 数控机床在编写程序时通常有_____和_____两种方法。

二、选择题（将正确答案序号填在括号里）

1. 在 FANUC 系统中，来自机床侧的信号（MT→PMC）用字母（　　）表示。

A. X　　　　　　B. F　　　　　　C. Y　　　　　　D. G

2. 在 FANUC 系统中，由 PMC 输出到机床侧的信号（PMC→MT）用字母（　　）表示。

A. X　　　　　　B. F　　　　　　C. Y　　　　　　D. G

3. 在 FANUC 系统中，来自 NC 侧的输入信号（NC→PMC）用字母（　　）表示。

A. X　　　　　　B. F　　　　　　C. Y　　　　　　D. G

4. 在 FANUC 系统中，由 PMC 输出到 NC 的信号（PMC→NC）用字母（　　）表示。

A. X　　　　　　B. F　　　　　　C. Y　　　　　　D. G

5. FANUC 数控系统常采用（　　）进行 PLC 编程。

A. 梯形图符号　　B. 助记符语言　　C. 功能块

三、简答题

1. 简述数控机床 PLC 的基本控制功能。

2. 体会 PMC 菜单树中各软键的作用及使用方法。

参 考 文 献

［1］ 张鑫，李长军. 数控机床电气检修［M］. 2版. 北京：中国劳动社会保障出版社，2014.